装配式建筑建造系列教材

装配式建筑装饰施工与施工组织管理

主　编　崔艳清　夏洪波　钟　元

副主编　罗雅敏　张勇一　褚　健

参　编　何春柳　邹　娟　雷　雨　陈　廉
　　　　李真辉　高维霞　王冬华　王　尧
　　　　陶　琴　王玉明　王　源　蒲昱彤

主　审　范幸义

西南交通大学出版社

·成　都·

图书在版编目（C I P）数据

装配式建筑装饰施工与施工组织管理 / 崔艳清，夏洪波，钟元主编. —成都：西南交通大学出版社，2019.9

装配式建筑建造系列教材

ISBN 978-7-5643-7132-6

Ⅰ. ①装… Ⅱ. ①崔… ②夏… ③钟… Ⅲ. ①装配式构件－建筑装饰－工程施工－施工组织－高等学校－教材 ②装配式构件－建筑装饰－工程施工－施工管理－高等学校－教材 Ⅳ. ①TU767

中国版本图书馆 CIP 数据核字（2019）第 192145 号

装配式建筑建造系列教材

Zhuangpeishi Jianzhu Zhuangshi Shigong yu Shigong Zuzhi Guanli

装配式建筑装饰施工与施工组织管理

主　编／崔艳清　夏洪波　钟　元

责任编辑／杨　勇

封面设计／吴　兵

西南交通大学出版社出版发行

（四川省成都市金牛区二环路北一段 111 号西南交通大学创新大厦 21 楼　610031）

发行部电话：028-87600564　028-87600533

网址：http://www.xnjdcbs.com

印刷：成都中永印务有限责任公司

成品尺寸　185 mm × 260 mm

印张　9.5　　字数　236 千

版次　2019 年 9 月第 1 版　　印次　2019 年 9 月第 1 次

书号　ISBN 978-7-5643-7132-6

定价　32.00 元

课件咨询电话：028-81435775

前　言

随着我国建筑发展形式发生转变，城市建设的概念不单单是追求现代化，而是更加注重绿色、环保、人文、智慧以及宜居性。装配式建筑装饰具有绿色施工以及环保高效的特点，因此，全面推进装配式建筑装饰发展成为建筑装饰业的重中之重。

2016年2月6日《中共中央国务院关于进一步加强城市规划建设管理工作的若干意见》中提出，10年内我国新建建筑中装配式建筑比例将达到30%。由此可见，装配式建筑成为建筑行业转型、升级的主要方向。建筑装饰作为建筑的重要组成部分，必须跟随建筑装配化转型的步伐，更好地支撑装配式建筑的发展。装配式建筑装饰具有工程质量高、施工效率快、环境污染少、工程造价低等优势，具有较好的发展前景。

目前，我国装配式建筑装饰方向专业基础薄弱，相关人才缺口大，并且高校也无相关专业，导致装配式建筑装饰人才缺乏，各地院校纷纷开展装配式建筑基础教学。因此，装配式建筑装饰人才培养与相关教材编写迫在眉睫。

全书共五章，由重庆房地产职业学院范幸义教授主审，重庆房地产职业学院崔艳清、夏洪波、钟元主编；重庆房地产职业学院高级园林工程师罗雅敏、教授张勇一，重庆化工职业学院褚健参与编写并任副主编；重庆市南川区西胜建筑安装工程有限公司市政工程师陈廉，中国建筑第六工程局工程师李真辉与工程师高维霞，重庆房地产职业学院何春柳、邹娟、雷雨、王冬华、王尧、陶琴、王玉明、王源、蒲昱彤等参与编写。书中所用图片来源不一，并参考了一些专业书，在此对其作者和相关人员表示谢意。

由于作者水平有限，书中难免出现疏漏和不足之处，敬请广大师生指正。

编　者

二〇一九年四月

目　录

第 1 章　装配式建筑装饰概述

《中共中央 国务院关于进一步加强城市规划建设管理工作的若干意见》和国务院办公厅《关于大力发展装配式建筑的指导意见》都曾明确提出要发展装配式建筑，我国装配式建筑行业进入快速发展阶段。总体看，我国装配式建筑应用规模还小，装配式建筑装饰更少，建筑装饰装配化程度和技术集成度较低。

1.1　我国建筑装饰与装配式建筑装饰的发展历程

1.1.1　建筑装饰行业的发展历程

1. 建筑装饰定义

建筑装饰是我们对家庭房屋室内装修装饰的简称。装饰指的就是室内的装饰与装修，是从美化的角度来考虑的，如古代的文人或达官就喜爱在居室挂上书法名画或摆上各种花卉盆景，以使室内的空间更美观，富有诗情画意或表现出一种典雅的气息；广义的装饰概念还包括对室内空间的改造、功能、风水、风格、软装设计，这里说的装饰是广义的家庭装修，是室内装修和室内配饰的综合解决方案。

2. 古代建筑装饰行业的发展

在我国，建筑装饰可以上溯到古代。自从人类有了房子，人们就开始通过各种方式对室内外进行装饰、配饰。古代对建筑的装饰多偏重于室内软装装饰，由于房屋的结构在建筑时，就由主人自己或聘请专家进行了设计，因此，对房屋结构上的调整、改动就比较小。可以这么说，古人的房子是量身订制的，所以一般只进行室内的装饰，如糊上窗纸窗纱，墙上贴上几幅字画，或室内摆上一些主人收藏的古董工艺品等（图 1-1 ~ 图 1-4）。由于房屋结构的不同和经济条件的不同，古代的装饰是贵族、是有钱人的专利，普通百姓连房子都成问题，就更谈不上装饰了。

图 1-1　古代建筑外观装饰样例

图 1-2　古代建筑外观装饰——凉亭院落样例

图 1-3　古代建筑建筑装饰——大堂样例

图 1-4　古代建筑建筑装饰——书房样例

3. 近代建筑装饰行业的发展

现代装饰在中国的发展也不过 20 多年的历史。开始时，随着中国改革开放的深入和居民生活水平的提高，部分城市人开始在福利分房的资助下，搬进了宽敞明亮的新房，从过去一家几口挤在十几、二十几平方米的小房子，搬进了七八十平方米的相对大一点的房子。有部分人出于对新房子的喜爱，加之个人经济条件较好，开始考虑对房屋进行一下装修装饰。那时的装修偏重于室内家具的制作，在房间的各个角落打上各种柜子，以储藏更多的家庭用品。到了20世纪90年代，商品房开始兴起，国家逐步取消了福利分房，人们开始靠自己挣钱来买房安居。房屋的面积也从过去的四五十平方米、七八十平方米，发展到一百多平方米，有的房子甚至超过了200平方米（图1-5～图1-8）。

图1-5　近代建筑——中国银行

图1-6　近代建筑——汇丰银行

图 1-7　近代建筑室内装饰（1）

图 1-8　近代建筑室内装饰（2）

4. 现代建筑装饰行业的发展

现代房屋基本上不是量身定做的，而是由开发商事先设计好室内空间的格局，由消费者根据自己的需要，来选择房屋的大小和户型结构。但是，由于开发商建筑的房屋，在结构上与每个家庭的居住要求不完全吻合，因此，很多人在新房领到手后，都对房屋结构进行第二次改造，也因此，以室内空间改造为主体的室内装修开始兴起。装饰也从少数人的专利，转变成为大多数家庭的必需过程（图 1-9 ~ 图 1-11）。

图 1-9　现代建筑——盘古酒店、鸟巢、水立方

图 1-10　现代建筑室内装饰——盘古酒店客房（1）

图 1-11　现代建筑室内装饰——盘古酒店客房（2）

20 世纪 90 年代初的家庭装修，还只是业主自行设计或由木工根据业主的要求进行简单的设计。随着室内装修的进一步发展，开始出现“家庭装修装饰设计专业人才”，他们或者是美术专业毕业，或者是建筑设计专业毕业，他们用自己的专业设计水平，为业主提供比较完善的室内装修装饰设计。20 世纪 80 年代后期，中国一些美术高校开始设立“室内设计专业”，早期的美术专业、室内设计专业考试，也需要很高的分数；到了 90 年代末，很多大专院校甚至中专都开始设立室内设计专业；进入 21 世纪以来，一些民办的室内设计学校如雨后春笋般设立起来。

于是一些从事工程装修的公司，开始向装饰方面转变或靠拢，设立装饰部或单独成立家庭装修装饰公司。1995 年前后，民营的装饰公司开始在一些较大的城市如北京、上海、深圳、广州等地成立，家庭装修开始进入产业化时代。

早期的家庭装修，是由业主自行到劳务市场去联系工人，自从有了专业的装饰公司以后，业主通过装修公司来打理家庭装修，不再自己去联系装修工人，而是由装修公司联系几个固定的工人或装修队，以承包形式替业主进行装修。装修公司与工人之间是雇佣关系。随着装饰行业的进一步发展，一些装修公司开始寻找有一定工人储备的装修队，以承包形式将公司联系来的业务，转包给施工队长，装修公司留下一部分利润，装修公司发展成为一个中介性质的装饰公司，装饰的生产则由施工队来完成。到了 2000 年前后，一些装饰公司开始考虑进行工厂化生产，将原来在客户家里现场制作的木制品，改为在工厂里生产制作，只在客户家里进行简单的组装或安装，中国的装饰开始进入工厂化装修时代（图 1-12）。

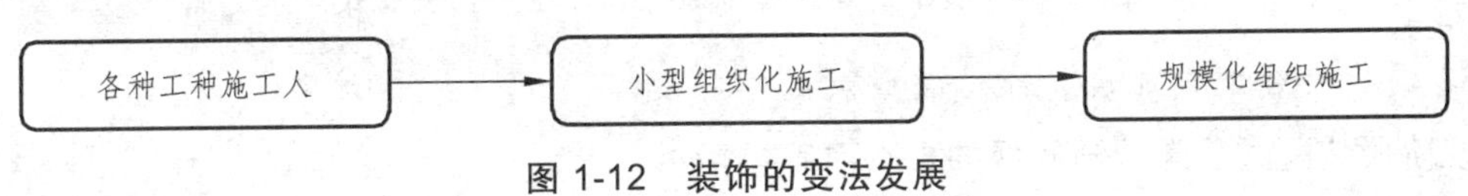

图 1-12　装饰的变法发展

1.1.2　装配式建筑装饰的发展

在过去的几十年时间里，我国建筑行业蓬勃发展，极大地促进了国民经济的增长。面对我国现今土地出让费用增加、劳动人工价格不断上升、人们对节能环保要求意识逐步提高的情况，建筑行业所面临的国际竞争压力越来越大。为提高核心竞争力，新的行业产业模式——预制装配式建筑，连同装配式建筑装饰应运而生。

1. 装配式建筑装饰的定义

装配式建筑装饰是将工厂生产的部品部件在现场进行组合安装的装修方式，主要包括干式工法楼（地）面、集成厨房、集成卫生间、管线与结构分离等（图 1-13）。(将工厂化生产的部品系统由产业工人按照标准程序实现现场绿色装配的建造方式——北京市地方标准《装配式装修工程技术规程（草案）》。)

图 1-13　装配式装饰施工过程

2. 装配式建筑装饰的特征

装配式装修的特征：

（1）标准化设计：建筑设计与装修设计一体化模数，BIM 模型协同设计；验证建筑、设备、管线与装修零冲突。

（2）工业化生产：产品统一部品化、部品统一型号规格、部品统一设计标准。

（3）装配化施工：由产业工人现场装配，通过工厂化管理规范装配动作和程序。

（4）信息化协同：设计标准化、生产工业化、施工装配化、装修一体化、管理信息化，五化一体生产安装模式，从测量数据与工厂智造协同，现场进度与工程配送协同到协同装配全产业链的部品设计、生产以及装配（图 1-14）。

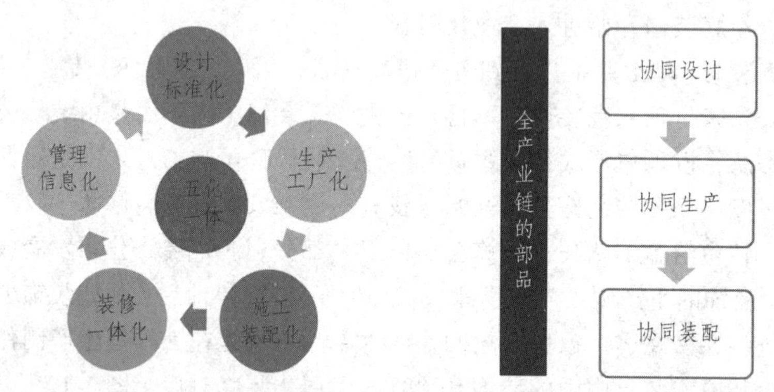

图 1-14　装配式建筑装饰五化一体生产安装模式

3. 现阶段装配式建筑装饰发展重点

现阶段装配式建筑装饰发展的重点内容包括：

（1）主体结构由预制构件运用向结构整体装配转变。

（2）装饰装修与主体结构的一体化发展，鼓励装配化装修方式。

（3）部品部件的标准化应用和产品集成。

（4）设计、生产、建造和监管全过程信息化技术的应用。

4. 装配式建筑装饰优点

装配式建筑装饰通过高度集中部品化生产与干法施工，通过 B2C 模式减少了常规装修带来的质量欠保证、工期不稳定、技术要求高、资源浪费、不环保、施工进度慢、后期维护困难等问题。装配式建筑装饰与传统建筑装饰优缺点比较见图 1-15。前者模块化拆解见图 1-16。

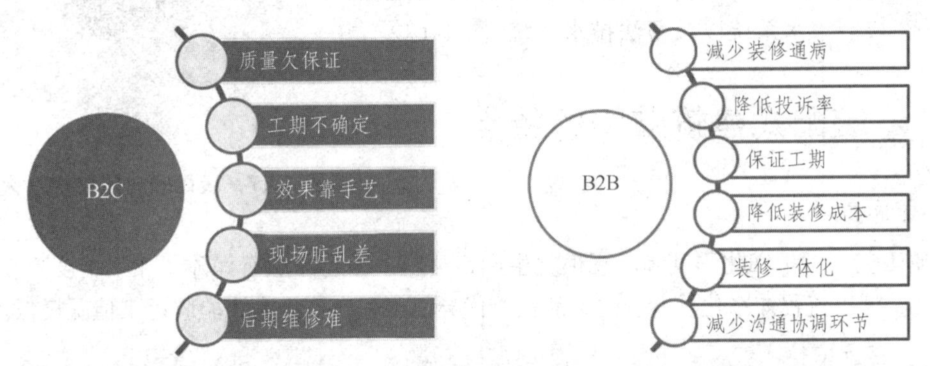

图 1-15　装配式建筑装饰与传统建筑装饰优缺点比较

图 1-16　装配式建筑装饰模块化拆解

1.2 装配式建筑装饰的系统分类

装配式建筑装饰八大系统：

在国家大力推进建筑工业化装配式建筑的今天，大家关注的重点也从原来的结构产业化方面慢慢拓展到了内装工业化方面，一套成熟的装配式装修整体解决方案包括八大系统：集成卫浴系统、集成厨房系统、集成地面系统、集成墙面系统、集成吊顶系统、生态门窗系统、快装给水系统以及薄法排水系统（图 1-17）。

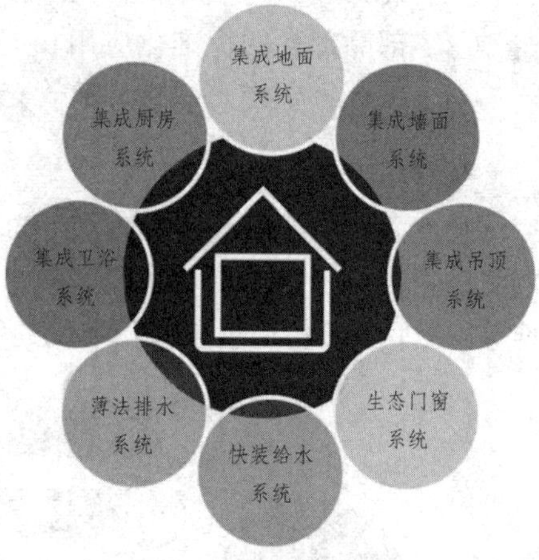

图 1-17 装配式建筑装饰八大系统

1.3 装配式建筑装饰的特点

1. 质量高

品质工艺高，精细化程度高。规模化生产，材料、工艺品质有保障，加工精度高。整体设计、生产、施工流程体系化、专业化，品控更优异，工程合格率高，验收返工情况极低。

2. 施工效率快

工作强度和技术难度均大幅降低，装配方便，多干法施工，工期短，换装快、难度低，大量产品无须专业人员即可安装。装配式施工，非专业人员都可胜任，可以实现 7 天完成基础施工，3 天完成收纳和软装安装。如果空间发生功能性变化，或需要更换风格，都可以将顶面、墙面、整体空间风格进行快速转换。

3. 环境污染少

节能环保，绿色健康。在材料上能严格依照国家标准，环保健康式装修；节省水泥、砂浆、腻子、板材、油漆等资源消耗量。多干法施工，可有效减少 90%以上的现场施工垃圾。

4. 工程造价低

大幅降低成本，降低精装修住宅造价。无论是主要材料的大规模工业化生产，还是系统化一体设计、安装带来的施工验收作业量的减少，都推动了整体精装修造价的降低。

5. 专业化设计，美观、科学、实用

专业设计和搭配保证整体效果，提高得房率和空间利用率，优化室内动线、室内空间更趋合理。集成化程度高，提高住宅舒适度，材质储存库各类 SKU 存量大，通用化程度高。用户可以根据自己的喜好自由选择喜欢的风格产品。

拓展实训

（1）参观装配式建筑装饰实地案例。

（2）了解装配式建筑装饰的发展、构成系统以及优缺点。

（3）畅想未来的装配式建筑装饰的发展趋势。

第 2 章　内装部品施工安装

2.1　装配式建筑装饰集成地面系统

集成地面系统是指在装配式建筑中运用可调节龙骨对地面进行支撑与安装的一种集成式地面系统，其中主要以中间层是否安装有地暖设备为最大区别点（图 2-1 ~ 图 2-3）。

图 2-1　木质地板集成地面系统

图 2-2　纤维地毯集成地面系统

图 2-3　有地暖集成地面系统

装配式建筑装饰集成地面系统基层采用梯形或矩形截面金属搁栅（俗称龙骨），金属搁栅的间距一般为 400 mm，中间可填一些轻质材料，以减低人行走时的空鼓声，并改善保温隔热效果。又分单层铺设和双层铺设两种方式。多层铺设是指为增强整体性，金属搁栅之上铺钉毛地板，最后在毛地板能上能下打接或粘接木地板。单层铺设是指木地板直接铺钉于地面金属搁栅上，而不设毛地板的构造做法（图 2-4 ~ 图 2-6）。

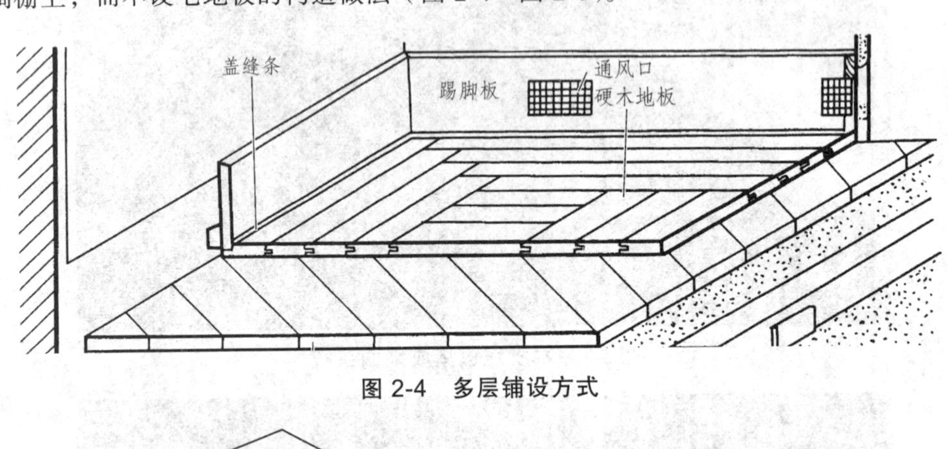

图 2-4　多层铺设方式

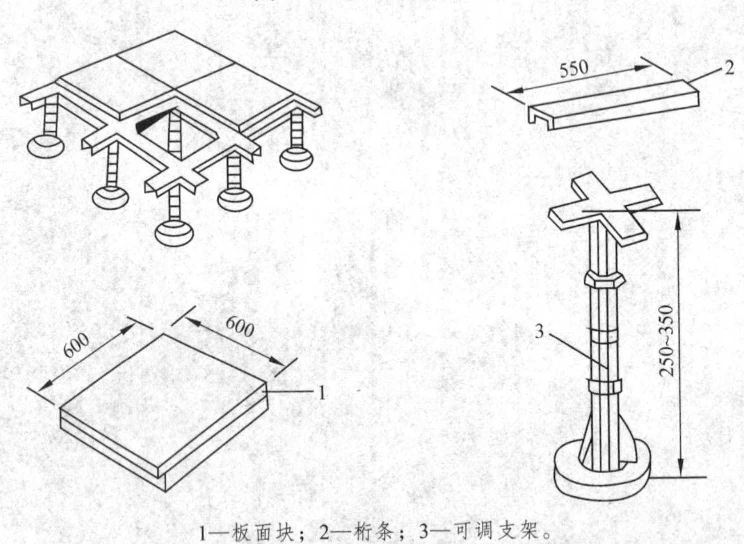

1—板面块；2—桁条；3—可调支架。

图 2-5　单层铺设方式

图 2-6　装配式建筑装饰集成地面系统铺设构造

2.1.1　装配式建筑装饰集成地面系统施工工艺流程

基层清理→确定位置→构件预埋→龙骨安装→铺保温层→钉装毛地板→找平刨平→铺设面板→装踢脚线→表面维护。

2.1.2　操作要点

1. 龙骨安装

施工中龙骨安装也称为打地垅（图 2-7、图 2-8）。金属栅栏（龙骨）常用 30 mm × 40 mm ~ 40 mm × 50 mm 木方，使用前应做防腐处理。龙骨的安装方法是在地面根据面板规格弹出龙骨布置线，沿龙骨每隔 800 mm 用 ϕ 16 冲击钻在楼面钻 40 mm 深的孔，打入木塞，再用木螺钉或地板钉将金属龙骨固定。

图 2-7　单个集成地板模块

图 2-8　多个地垅安装

2. 钉装毛地板

双层木地板面层下层的基面板，即为毛地板，可用钝棱料铺设，现在常用 9 ~ 12 mm 厚耐水胶合板或使用大芯板做毛地板。在铺设前，应清除已安装的金属龙骨间的刨花等杂物。铺设时，毛地板应与金属栅栏呈 30°或 45°并应使其髓心朝上，用钉斜向钉牢。毛地板与墙之间，应留有 10 ~ 15 mm 缝隙，板间缝隙不应大于 3 mm，接头应错开。每块毛地板应在每根金属龙骨上各钉 2 枚钉子固定，钉子的长度应为毛地板厚度尺寸的 2.5 倍。毛地板铺钉后，应刨平直后清扫干净，可铺设一层沥青纸或油毡，以利于防潮。

3. 铺设面板

在装配式建筑装饰的地面系统施工中，地面的面板铺设可以分为地板、地毯等很多种，但大致铺设方法都一样。

1）木地板面板铺设

（1）工艺流程：

基层清理→弹线找平→（安装金属栅栏—钉毛地板）→铺垫层→试铺预排→铺地板→安装踢脚板→表面维护。

（2）操作要点：

① 基层处理：基本同格栅木地板。由于采用浮铺式施工，复合地板基层平整度要求很高，要求平整度 3 m 内误差不得大于 2 mm。基层必须保持洁净、干燥。铺贴前，可刷一层掺防水剂的水泥浆进行基层防水。

② 弹线：同格栅木地板。

③ 铺垫层：先在地面铺上一层 2 mm 左右厚的高密度聚乙烯地垫，接缝处用胶带封住，不采用搭接；地热地面应先铺上一层厚度 0.5 mm 以上聚乙烯薄膜，接缝处重叠 150 mm 以上，并用胶带密封（图 2-9）。

图 2-9　垫层铺设

垫层宽 1 000 mm 卷材，起防潮、缓冲作用，可增加地板的弹性并增加地板稳定性和减少行走时地板产生的噪声。按房间长度净尺寸加长 120 mm 以上裁切，四周边缘墙面与地相接的阴角处上折 60 ~ 100 mm（或按具体产品要求）。

④ 预铺：先进行测量和尺寸计算，确定地板的布置块数，尽可能不出现过窄的地板条。地板块铺设时通常从房间较长的一面墙边开始，也可长缝顺入射光方向沿墙铺放。板面层铺贴应与垫层垂直，铺装时每块地板的端头之间应错开 300 mm 以上，错开 1/3 板长则更为美观。

预铺从房间一角开始，第一行板槽口对墙，从左至右，两板端头企口插接，直到第一排最后一块板。切下的部分若大于 300 mm，可以作为第二排的第一块板铺放（其他排也是如此）。第一排最后一块的长度不应小于 500 mm，否则可将第一排第一块板切去一部分，以保证最后的长度要求（图 2-10）。

（a）端头地板划线

（b）边部地板划线

图 2-10　地板裁切划线方法示意图

⑤ 铺装地板：依据产品使用要求，按预排板块顺序铺装地板。如带胶安装，用胶粘剂（或免胶）涂抹地板的榫头上部，涂抹量必须足够，先将短边连接，然后略抬高些小心轻敲榫槽木垫板，将地板装入前面的地板榫槽内，用木锤敲击使接缝处紧密。胶水应从缝隙中挤出，一般要求将专用胶粘剂涂于槽与榫的朝上一面，挤出的胶水在 15 min 后用刮刀去除（图 2-11）。

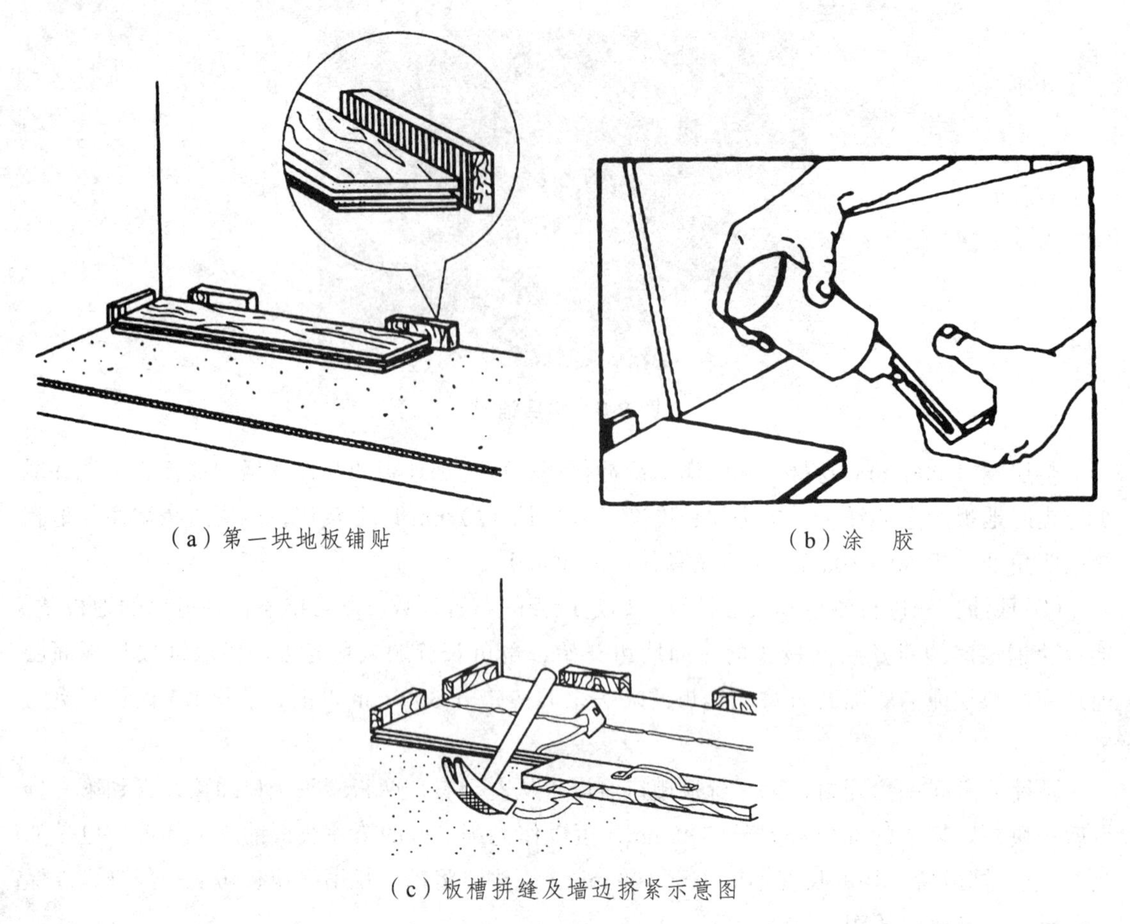

（a）第一块地板铺贴　　（b）涂　胶

（c）板槽拼缝及墙边挤紧示意图

图 2-11　地板铺装过程示意图

⑥ 安装踢脚板：复合木地板四边的墙根伸缩缝，用配套的踢脚板贴盖装饰。一般选用复合木踢脚板，其基材为防潮环保中密度纤维板，表面饰以豪华的油漆纸。目前复合木地板的款式丰富多彩，通常流行的踢脚板的尺寸有 60 mm 的高腰型与 40 mm 的低腰型。踢脚板除了用专用夹子安装外，也可用无头（或有头）水泥钢钉或硅胶，均可钉粘在墙面上。安装时，应先按踢脚板高度弹水平线，清理地板与墙缝隙中杂物。接头尽量设在拐角处。

⑦ 过桥及收口扣板的使用：当地面面积大于 100 m^2 或边长大于 10 m 时，应使用过桥。在房间的门槛相连接处有高低不平之处时，也应使用过桥。不同的过桥可解决不同程度的高低不平以及和其他饰面的连接问题（图 2-12）。

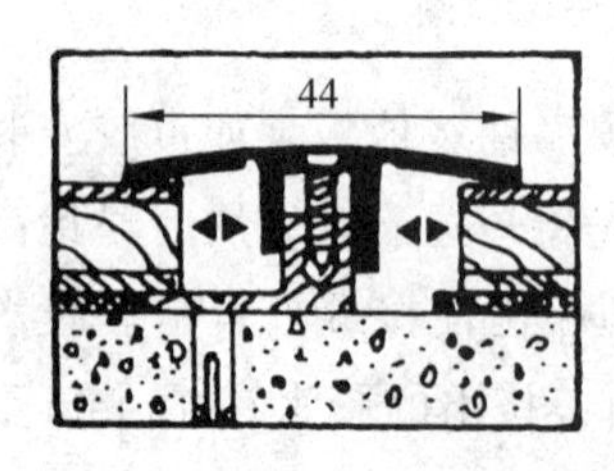

（a）T 形过桥（超宽、超长连接使用）

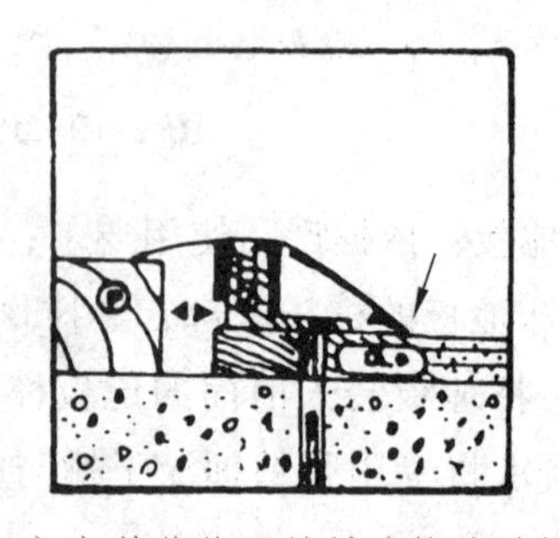

（b）与其他饰面材料连接的过桥

（c）与高于复合地面的材料连接的过渡桥

图 2-12　过桥固定示意图

收口扣板条可利用坡度自上而下搭接不同高度的地面，解决收口，又富流线舒畅的美感。

⑧ 清扫、擦洗：每铺完一间待胶干后扫净杂物，用湿布擦净。铺装好后 24 h 内不得在地板上走动。

（3）浮铺木地板施工示意图（图 2-13）。

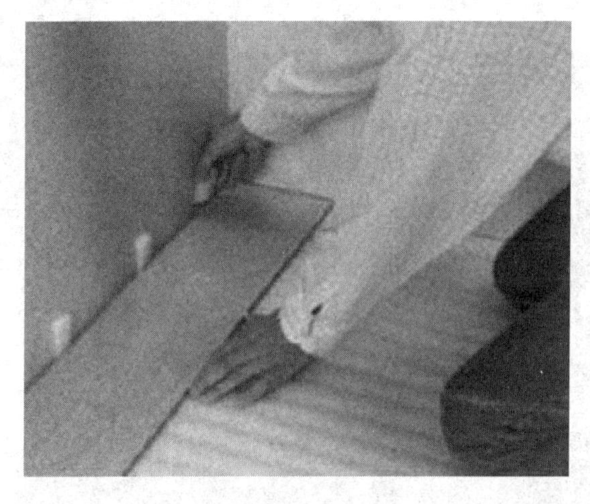

（a）第一块地板铺贴

（b）地板块加工

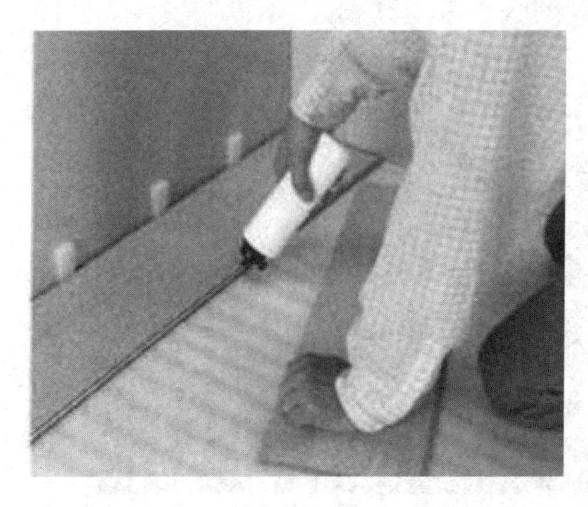

（c）涂　胶

（d）收边地板裁切

（e）地板块取孔　　　　　　　　　　（f）地板块安装完毕

图 2-13　浮铺木地板施工示意图

2）地毯面板铺设（图 2-14）

图 2-14　地毯铺设

地毯主要是根据铺设部位、使用功能和装饰等级与造价等因素进行综合权衡选用。拼缝的地毯，如有花纹应对称完整，地毯面平整，无脏污、空鼓、死折、翘边。施工单位应按设计要求及现场实测，按设计要求的品种和铺设面积一次备足，放置于干燥房间，不得受潮或水浸。

（1）辅助材料和施工工具：

辅助材料有垫层、胶粘剂（有聚醋酸乙烯胶粘剂和合成橡胶粘结剂两类，选用时要与地毯背衬材料配套确定胶粘剂品种）、接缝带、倒刺板条、金属收口条、门口压条、尼龙胀管、木螺钉、金属防滑条、金属压杆等。常用施工机具有搪刀（切边器）、张紧器（撑子）、扁铲、墩拐（用于压倒刺）、裁毯刀、电熨斗、裁刀、电铲、角尺、冲击钻、吸尘器等。部分专业工具如图 2-15 所示。

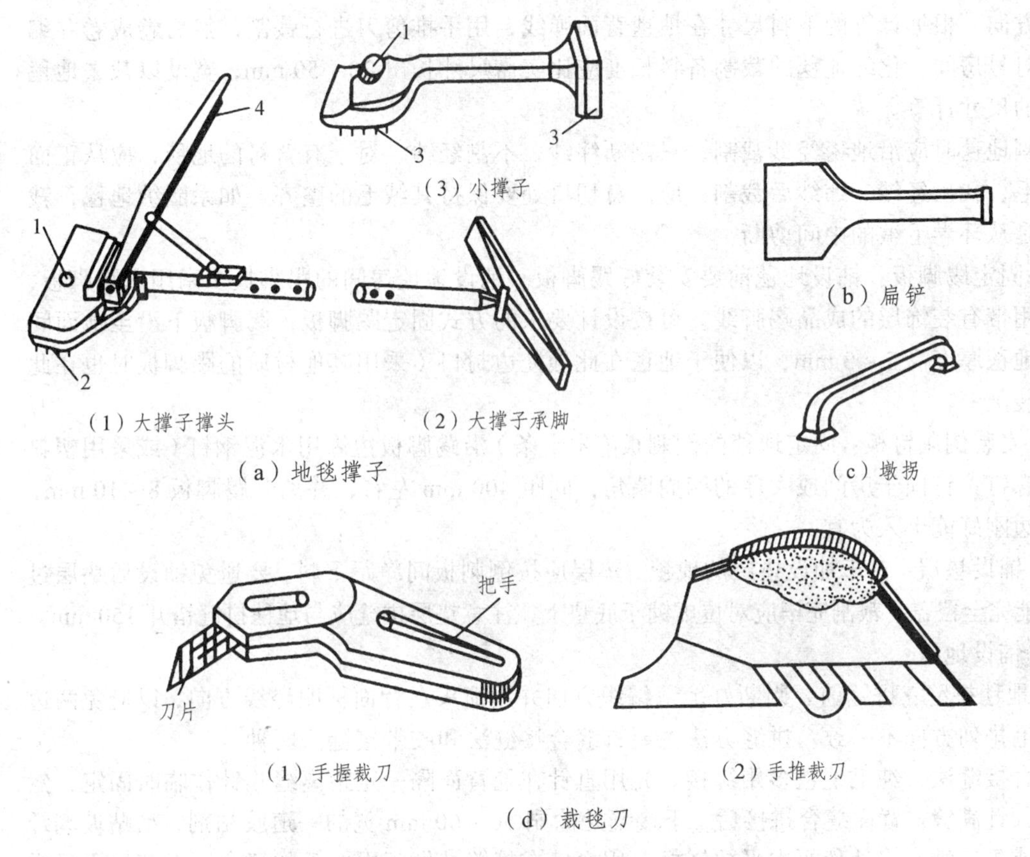

图 2-15　部分地毯铺设专业工具

地毯施工前，室内装饰已完成并经验收合格。铺设地毯前，应做好房间、走道等四周的踢脚板。踢脚板下口均应离开地面 8 mm，以便将地毯毛边掩入踢脚板下。大面积施工前，应先放样并做样板，经验收合格后方可施工。

（2）工艺流程：

① 卡条式（倒刺板）固定工艺流程：

基层处理弹线定位→裁割地毯→固定踢脚板→安装倒刺板→铺设垫层→铺设地毯→固定

地毯→收口→修理地毯面→清扫。

② 活动铺设工艺流程：

基层处理→裁割地毯→接缝缝合→铺贴→收口清理。

（3）操作要点：

卡条式固定操作要点：

① 基层处理：地毯铺装对基层地面的要求较高，要求基层表面坚硬、平整、光洁、干燥。基层表面水平偏差应小于 4 mm，含水率不大于 8%，且无空鼓或宽度大于 1 mm 的裂缝。如有油污、蜡质等，需用丙酮或松节油擦净，并应用砂轮机打磨清除钉头和其他突出物。

② 弹线定位：应严格按图纸要求对不同部位进行弹线、分格。若图纸无明确要求，应对称找中弹线，以便定位铺设。

③ 裁割地毯：在铺装前必须进行实测量，检查墙角是否规方，准确记录各角角度，并确定铺设方向。根据计算的下料尺寸在地毯背面弹线，用手推剪刀进行裁割，然后卷成卷并编号运入对号房间。化纤地毯的裁割备料长度应比实需尺寸长出 20 ~ 50 mm，宽度以裁去地毯边缘后的尺寸计算。

裁割地毯时应沿地毯经纱裁割，只割断纬纱，不割经纱。对于有背衬的地毯，应从正面分开绒毛，找出经纱、纬纱后裁割，应注意切口处要保持其绒毛的整齐。如系圈绒地毯，裁割时应是从环卷毛绒的中间剪断。

④ 固定踢脚板：铺设地毯前要安装好踢脚板。铺设地毯房间的踢脚板多采用木踢脚板，也有采用带有装饰层的成品踢脚线。可按设计要求的方式固定踢脚板，踢脚板下沿至地面间隙应比地毯厚度高 2 ~ 3 mm，以便于地毯在此处掩边封口（采用其他材质的踢脚板时也在此位置安装）。

⑤ 安装倒刺钉板：固定地毯的倒刺板（木卡条）沿踢脚板边缘用水泥钢钉（或采用塑料胀管与螺钉）钉固于房间或大厅的四周墙角，间距 400 mm 左右，并离开踢脚板 8 ~ 10 mm，以地毯边刚好能卡入为宜。

⑥ 铺设垫层：对于加设垫层的地毯，垫层应按倒刺板间净距下料，要避免铺设后垫层过长或不能完全覆盖。裁割完毕应对位虚铺于底垫上，注意垫层拼缝应与地毯拼缝错开 150 mm。

⑦ 铺设地毯：

a. 地毯拼缝：拼缝前要判断好地毯编织方向并用箭头在背面标明经线方向，以避免两边地毯绒毛排列方向不一致。拼缝方法主要有缝合接缝法和胶带接缝法两种。

缝合接缝法：纯毛地毯多用缝接。先用直针在毯背面隔一定距离缝几针作临时固定，然后再用大针满缝。背面缝合拼接后，于接缝处涂刷 50 ~ 60 mm 宽的一道胶粘剂，粘贴玻璃纤维网带或牛皮纸。将地毯再次平放铺好，用弯针在接缝处做正面绒毛的缝合，以使之不显拼缝痕迹为标准。

麻布衬底化纤地毯多用粘结，即在麻布衬底上刮胶，再将地毯对缝粘平。

胶带接缝法：具体操作是在地毯接缝位置弹线，依线将宽 150 mm 的胶带铺好，两侧地毯对缝压在胶带上，然后用电熨斗（加热至 130 ~ 180 °C）使胶质熔化，自然冷却后便把地毯粘在胶带上，完成地毯的拼缝连接。

接缝后注意要先将接缝处不齐的绒毛修齐，并反复揉搓接缝处绒毛，至表面看不出接缝痕迹为止。

b. 地毯的张紧与固定：地毯铺设后务必拉紧、张平、固定，防止以后发生变形。

将裁好的地毯平铺在地上，先将地毯的一边用撑子撑平固定在相应的倒刺板条上，用扁铲将其毛边掩入踢脚板下的缝隙，再用地毯张紧器对地毯进行拉紧、张平。可由数人从不同方向同时操作，用力适度均匀，直至拉平张紧。地毯张拉步骤如图 2-16 所示。

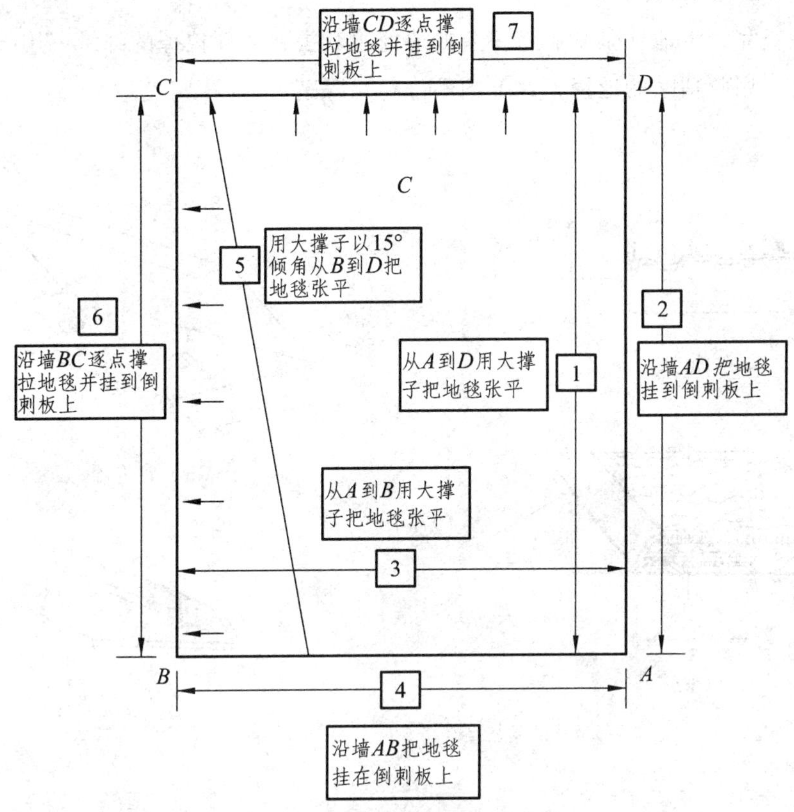

图 2-16　地毯张拉步骤示意图

若小范围不平整可用小撑子通过膝盖配合将地毯撑平，如图 2-17 所示。然后将其余三个边均牢固稳妥地勾挂于周边倒刺板朝天钉钩上并压实，以免引起地毯松弛。再用搪刀将地毯边缘修剪整齐，用扁铲把地毯边缘塞入踢脚板和倒刺板之间的缝隙内。

对于走廊等处纵向较长的地毯铺设，应充分利用地毯撑子使地毯在纵横方向呈“V”形张紧，然后再固定。

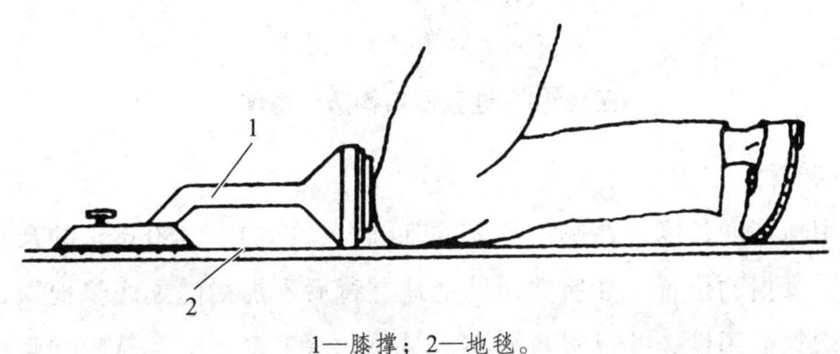

1—膝撑；2—地毯。

图 2-17　地毯张平方法示意图

⑧ 收口清理：在门口和其他地面分界处，可按设计要求分别采用铝合金 L 形倒刺收口条、带刺圆角锑条或不带刺的铝合金压条（或其他金属装饰压条）进行地毯收口。收口方法是弹出线后用水泥钢钉（或采用塑料胀管与螺钉）固定铝压条，再将地毯边缘塞入铝压条口内轻敲压实，如图 2-18 所示。

固定后检查完，将地毯张紧后将多余的地毯边裁去，清理拉掉的纤维，用吸尘器将地毯全部清理一遍。用胶粘贴的地毯，24 h 内不许随意踩踏。

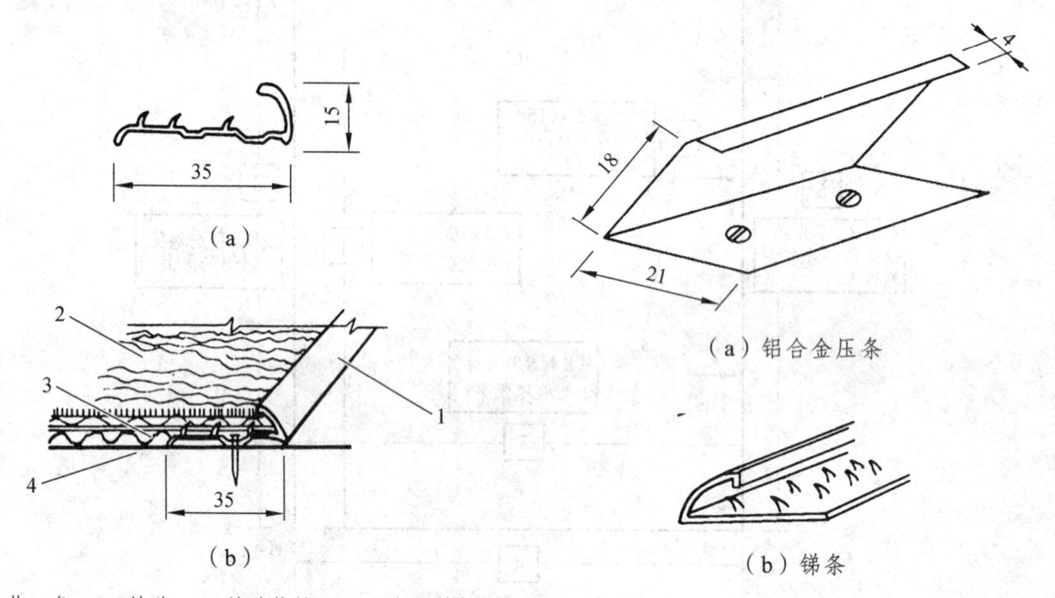

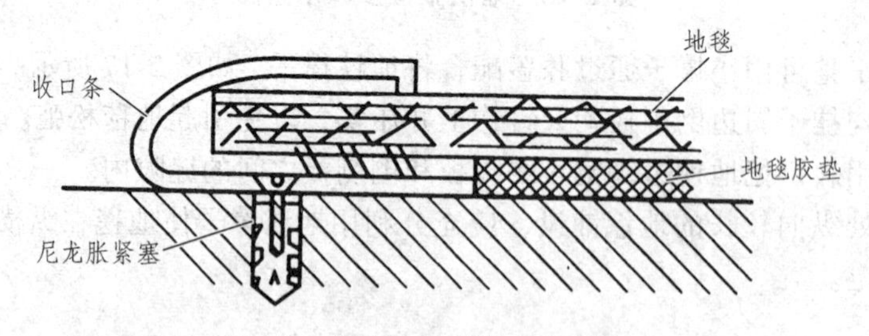

图 2-18　地毯收口构造示意图

⑨ 楼梯地毯铺设（如图 2-19）：

测量楼梯所用地毯的长度，在测得长度的基础上，再加上 450 mm 的余量，以便挪动地毯，转移调换常受磨损的位置。如所选用的地毯是背后不加衬的无底垫地毯，则应在地毯下面使用楼梯垫料增加耐用性，并可吸收噪声。衬垫的深度必须能触及阶梯竖板，并可延伸至每阶踏步板外 5 cm，以便包覆。

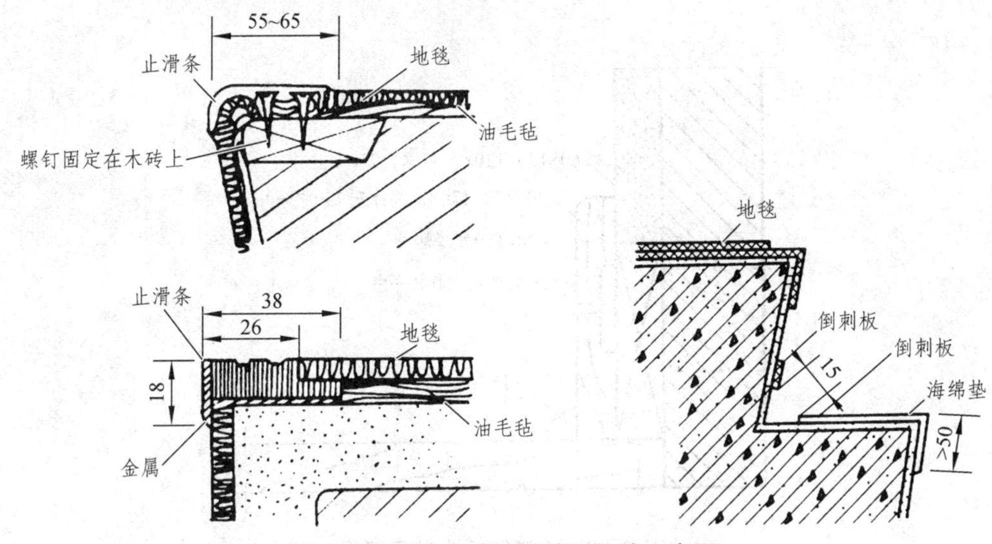

图 2-19　部分楼梯地毯铺设构造示意图

将衬垫材料用地板木条分别钉在楼梯阴角两边，两木条之间应留 1.5 mm 的间隙。用预先切好的地毯角铁倒刺板钉在每级踢板与踏板所形成转角的衬垫上。由于整条角铁都有突起的爪钉，故能不露痕迹地将整条地毯抓住。

地毯首先要从楼梯的最高一级铺起，将始端翻起在顶级的踢板上钉住，然后用扁铲将地毯压在第一套角铁的抓钉上。把地毯拉紧包住梯阶，循踢板而下，在楼梯阴角处用扁铲将地毯压进阴角，并使地板木条上的爪钉紧紧抓住地毯，然后铺第二套固定角铁。这样连续下来直到最下一级，将多余的地毯朝内折转，钉于底级的踢板上。

所用地毯如果已有海绵衬底，那么可用地毯胶粘剂代替固定角钢。将胶粘剂涂抹在压板与踏板面上粘贴地毯，铺设前将地毯的绒毛理顺，找出绒毛最为光滑的方向，铺设时以绒毛的走向朝下为准。在梯级阴角处用扁铲敲打，地板木条上都有突起的爪钉，能将地毯紧紧抓住。在每阶踢、踏板转角处用不锈钢螺钉拧紧铝角防滑条。

楼梯地毯的最高一级是在楼梯面或楼层地面上，应固牢，并用金属收四条严密收口封边。如楼层面也铺设地毯，固定式铺贴的楼梯地毯应与楼层地毯拼缝对接。若楼层面无地毯铺设，楼梯地毯的上部始端应固定在踢面竖板的金属收口条内，收口条要牢固安装在楼梯踢面结构上。楼梯地毯的最下端，应将多余的地毯朝内格转钉固于底级的竖板上。

⑩ 踢脚线安装：

在木地板与墙的交接处，要用踢脚板压盖，踢脚板一般是在地板安装完成后进行。木踢脚板有提前加工好的成品，内侧开凹槽，为散发潮气，每隔 1 m 钻 6 mm 通风孔。也可用胶合板或大芯板裁成条状做踢脚板，面层钉饰面板，用线条压顶，上漆。（图 2-20）

⑪ 表面维护：

表面维护一般为地板打蜡，首先都应将它清洗干净，完全干燥后开始操作。至少要打三遍蜡，每打一遍，待干燥后，用非常细的砂纸打磨表面，擦干净，再打第二遍。每次都要用不带绒毛的布或打蜡器磨擦地板以使蜡油渗入木头。每打一遍蜡都要用软布轻擦抛光，以达到光亮的效果。

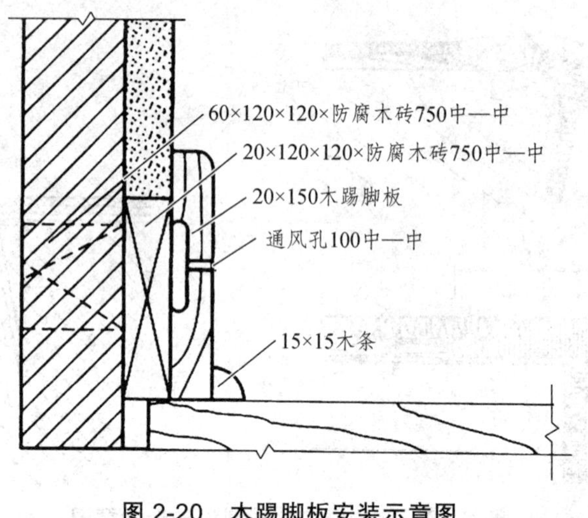

图 2-20　木踢脚板安装示意图

2.2　集成吊顶系统安装

集成吊顶系统又称整体吊顶、组合吊顶、智能吊顶，继整体浴室和整体厨房出现后，厨卫上层空间吊顶装饰的最新装配式装饰的产品，它代表着当今厨卫吊顶装饰的最顶尖技术。集成吊顶打破了原有传统吊顶的一成不变，真正将原有产品做到了模块化、组件化，让你自由选择吊顶材料、换气照明及取暖模块，效果一目了然，购物一步到位。根据构造形式按饰面与基层的关系有集成直接式吊顶和集成悬吊式吊顶两大类。

集成吊顶一般用于厨房、卫生间以及阳台。使用寿命长，可以十年半载的不用换，不变色也不容易变形。装起来的整体效果比那种普通的好看，想要什么风格的都有，可以自由搭配，而且环保。

和普通吊顶比较：

外观集成吊顶：吊顶、取暖、换气、照明一体化，平面化，大大增强吊顶装饰效果。普通吊顶：吊顶与各电器部件装好后，显得凌乱。装饰效果不强。

2.2.1　集成直接式吊顶

集成直接式吊顶是在楼板的底面直接进行抹灰、喷浆或者粘贴饰面材料的一种吊顶施工形式。该形式构造简单，施工方便，造价较低。集成直接式吊顶一般用于室内标高较低、装饰性要求不高、无空调通风和消防系统等各种管线布置的顶棚，例如教室、普通办公室等，一般很少应用在装配式建筑装饰中，如图 2-21 所示。

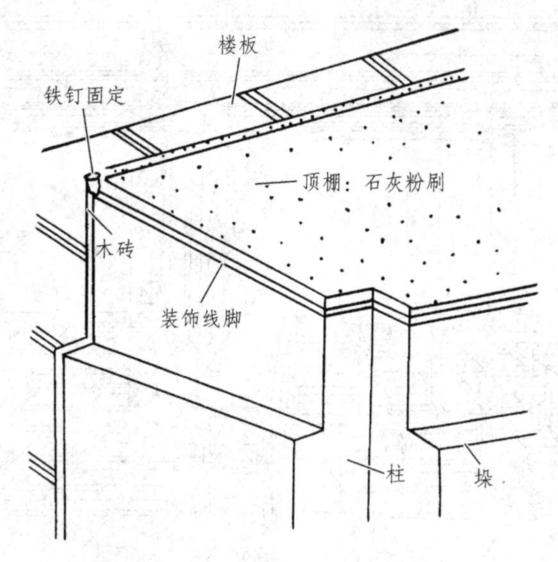

图 2-21　集成直接式吊顶

集成直接式吊顶常见的类型有:

（1）直接抹灰顶棚。

（2）喷刷类顶棚。

（3）裱糊类顶棚。

（4）直接式装饰板顶棚（装配式建筑装饰）。

（5）结构式顶棚。

2.2.2　集成悬吊式吊顶

集成悬吊式吊顶也就是俗称的吊顶，是指将装饰面板通过一定量的悬吊构件，固定在天花板上由骨架和面板所组成的吊顶，简称为“吊顶”。吊顶的作用是：美化室内环境，遮挡结构构件和各种管线；改善室内声学性能和光学性能；满足室内的保温、隔热等要求。吊顶在设计时应注意：防火；协调各种管线、设备、灯具，使之成为有机整体；便于维修，便于工业化施工，避免湿作用。

吊顶的装饰表面与屋面板、楼板之间留有一定距离，由几个基本部分构成，即面层、吊顶、骨架和吊筋。面层作用是装饰空间，常常还兼有一些特定的功能，如吸声、反射等。面层的构造设计还要结合灯具、风口布置。骨架是由主龙骨、次龙骨、格棚、格栅所形成的网架体系，其作用是承受吊顶的荷载，并由它将这一荷载传递给屋面板、楼板、屋顶梁、屋架等部位。另一作用是用来调整、确定集成悬吊式吊顶的空间高度，以适应不同艺术处理的需要。

悬吊式顶棚一般由基层、面层、吊筋三大基本组成部分组成，如图 2-22 所示。

在装配式建筑装饰施工中吊顶系统常见的几种类型是木龙骨吊顶、轻钢龙骨吊顶、铝合金龙骨吊顶。

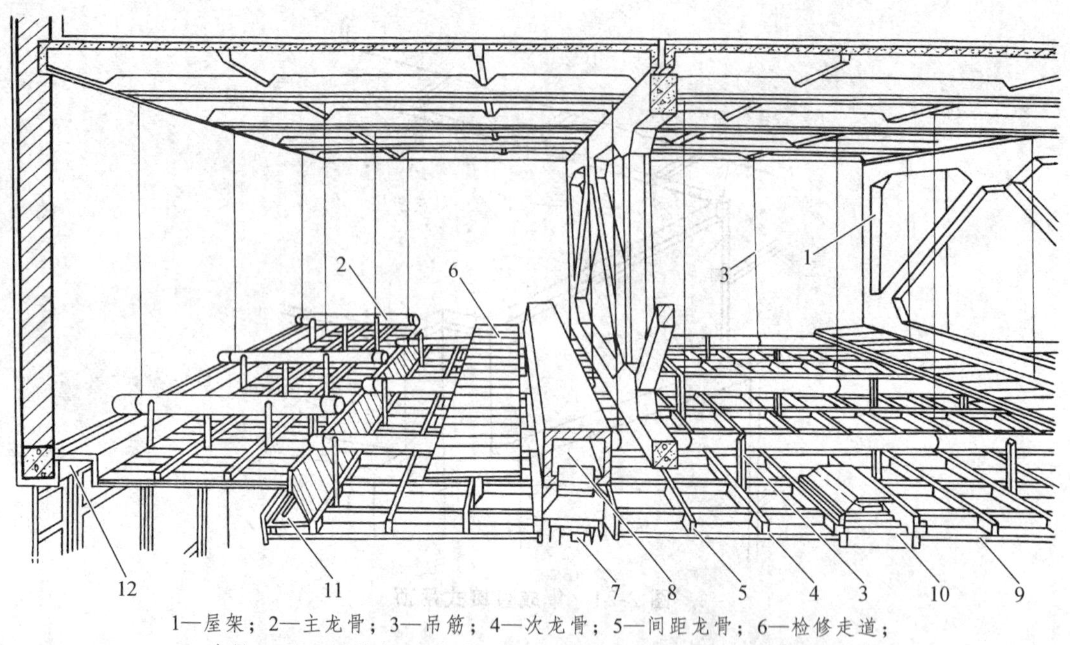

1—屋架；2—主龙骨；3—吊筋；4—次龙骨；5—间距龙骨；6—检修走道；
7—出风口；8—风道；9—吊顶面层；10—灯具；11—灯槽；12—窗帘盒。

图 2-22　集成悬吊式吊顶

1. 木龙骨吊顶（图 2-23）

图 2-23　木龙骨吊顶实物图片

1）构造形式

木龙骨是一种传统的吊顶龙骨材料，制作方法是将木材加工成方形或长方形条状。一般采用 50 mm × 70 mm 或 60 mm × 100 mm 断面尺寸的木方做主龙骨，次龙骨采用 50 mm × 50 mm 或 40 mm × 40 mm 的木方，采用钉接方式形成网架形式，利用金属吊筋或木吊杆悬吊于楼板下方，表面固定饰面板材。其构造形式如图 2-24 ~ 2-26。

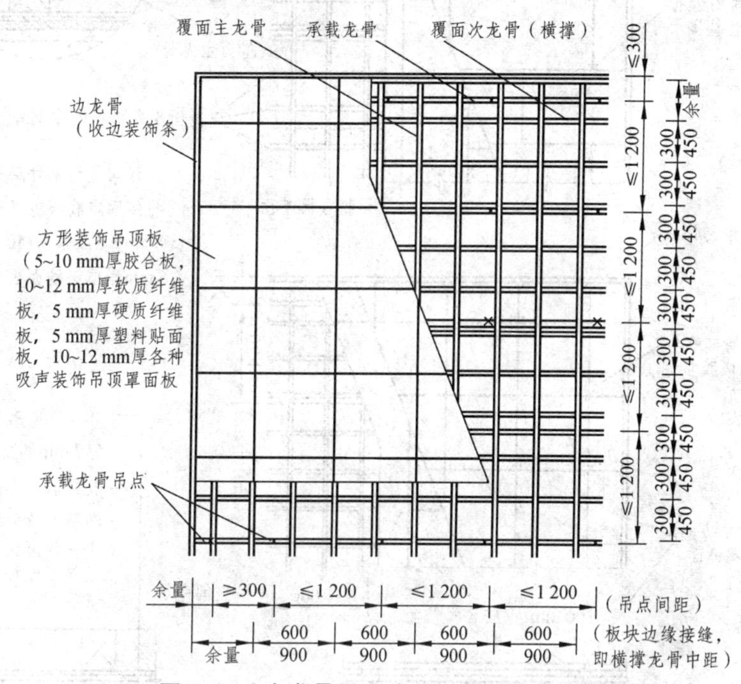

图 2-24　木龙骨吊顶（双层）平面布置

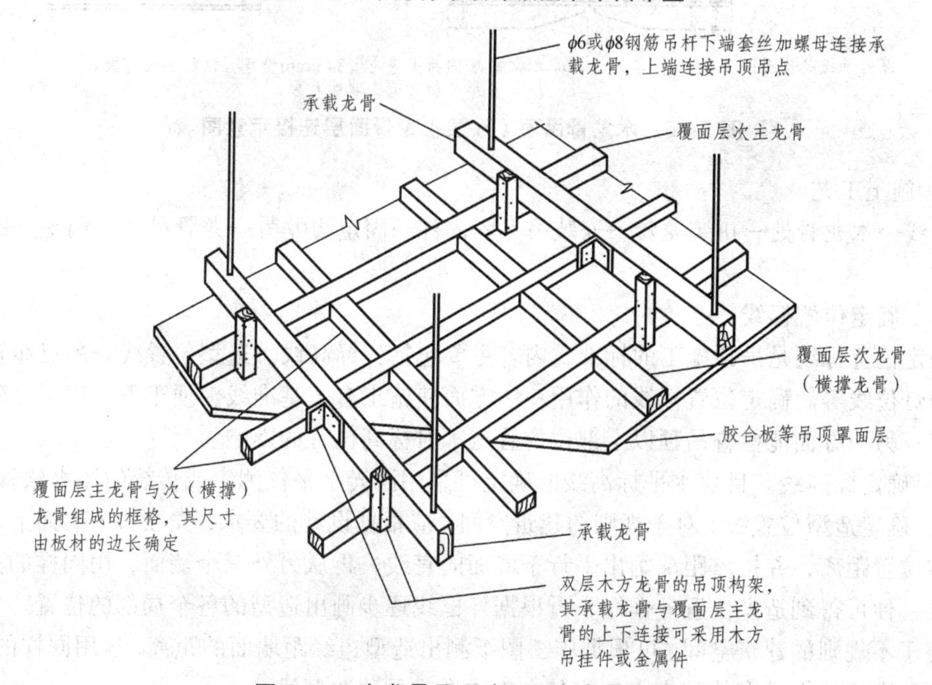

图 2-25　木龙骨吊顶（双层）龙骨布置

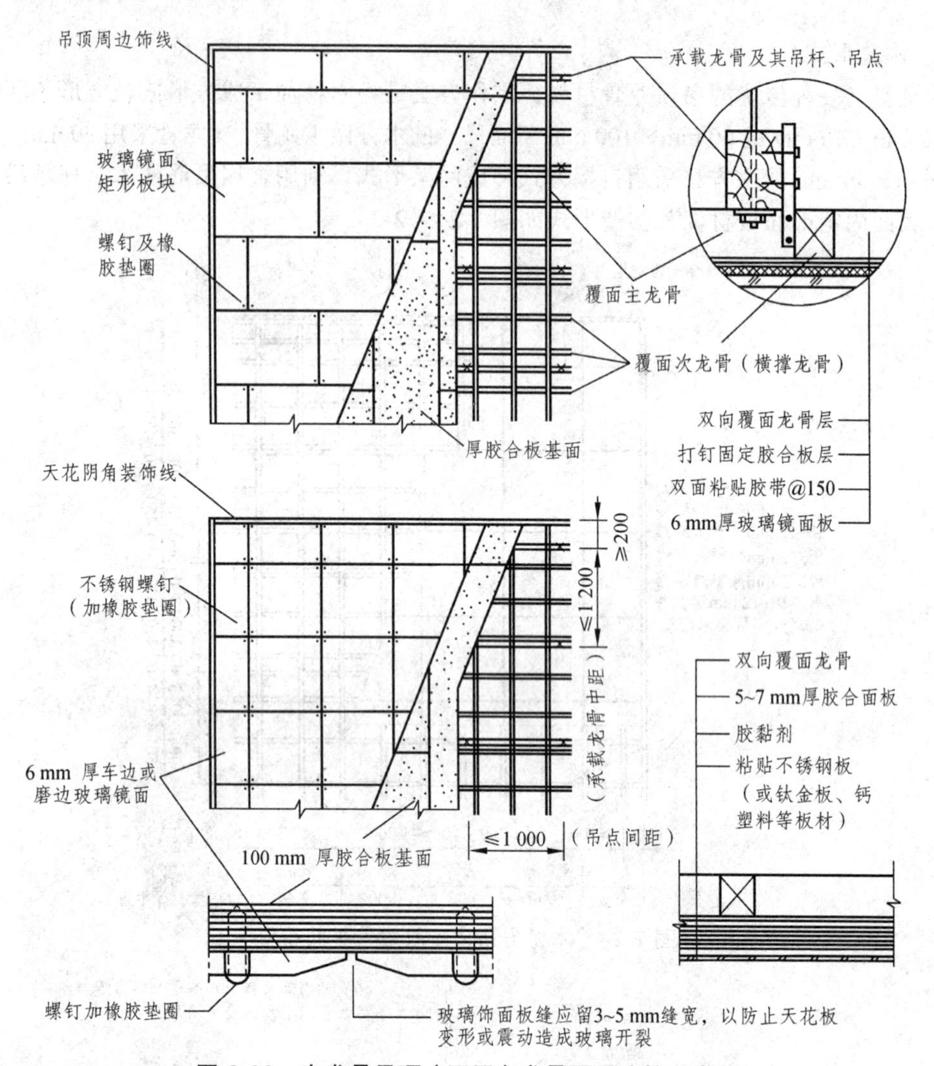

图 2-26　木龙骨吊顶（双层）龙骨面层连接示意图

2）施工工艺

弹线→木龙骨处→拼装龙骨→安装吊点紧固件→固定边龙骨→龙骨吊装→调平→铺钉罩面板。

（1）确定位置标线。

确定位置标线是吊顶施工的标准，内容主要包括：标高线、造型位置线、吊点布置线、大中型灯位线等。确定位置标线的作用：一方面使施工有了基准线，便于下一道工序确定施工位置；另一方面能检查吊顶以上部位的管道等对标高位置的影响。

① 确定标高线。目前水平标高线的确定可采用激光水平仪测定或传统的注水软管测定。

② 确定造型位置线。对于规则的建筑空间，应根据设计的要求，先在一个墙面上量出吊顶造型位置距离，并按该距离画出平行于墙面的直线，再从另外三个墙面，用同样的方法画出直线，便可得到造型位置外框线，再根据外框线逐步画出造型的各个局部的位置。

对于不规则的建筑空间，可根据施工图纸测出造型边缘距墙面的距离，运用同样的方法，找出吊顶造型边框的有关基本点，将各点连线形成吊顶造型线。

③ 确定吊点位置。在一般情况下，吊点按每平方米一个均匀布置，灯位处、承载部位、龙骨与龙骨相接处及叠级吊顶的叠级处应增设吊点。

（2）木质龙骨处理。

木龙骨处理：主要是对木龙骨涂刷氰化钠防腐剂进行防腐处理和涂刷防火涂料进行防火处理。

拼装的方法常采用咬口（半榫扣接）拼装法，具体做法为：在龙骨上开出凹槽，槽深、槽宽以及槽与槽之间的距离应符合有关规定。然后，将凹槽与凹槽进行咬口拼装，凹槽处应涂胶并用钉子固定，如图 2-27 所示。

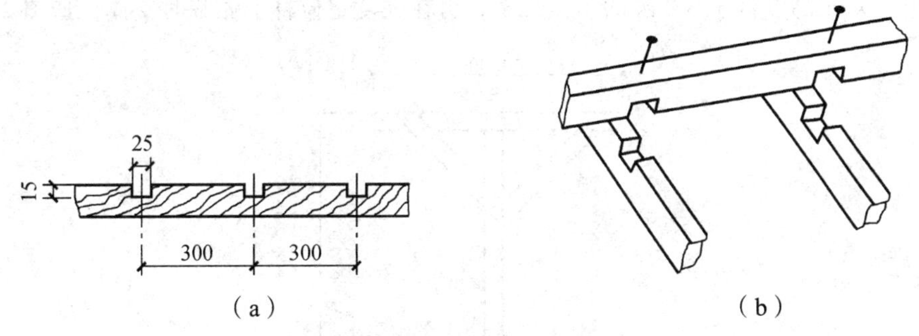

图 2-27　木龙骨槽口拼接示意图

（3）安装吊点、吊筋。

吊点：常采用膨胀螺栓、射钉、预埋铁件等方法，具体安装方法，如图 2-28 所示。

吊筋：常采用钢筋、角钢、扁铁或方木，其规格应满足承载要求。吊筋与吊点的连接可采用焊接、钩挂、螺栓或螺钉的连接等方法。吊筋安装时，应做防腐、防火处理。

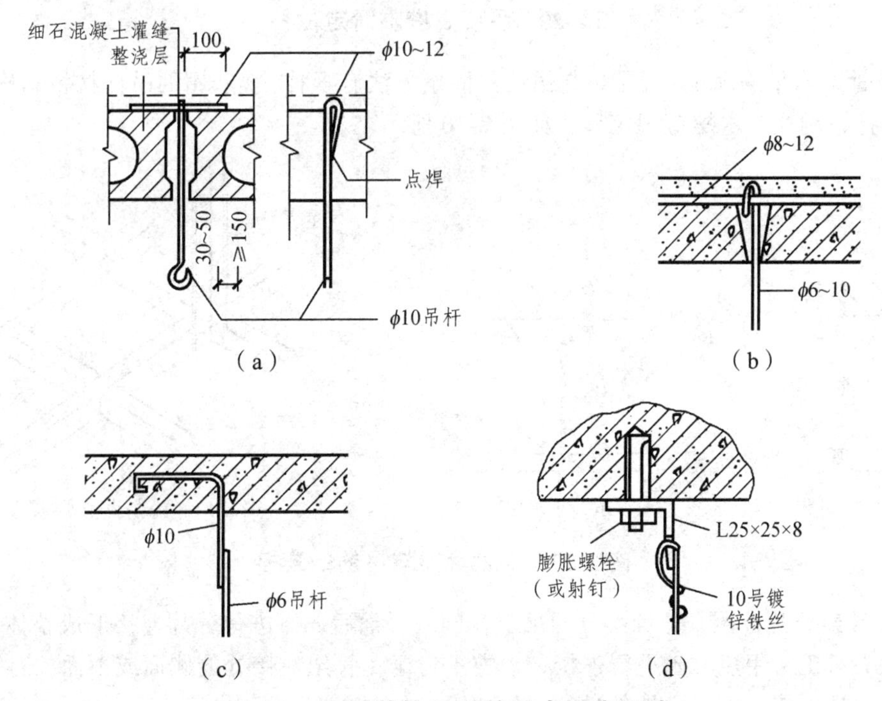

图 2-28　木质装饰吊顶的吊点固定形式

（4）固定沿墙龙骨。

沿吊顶标高线固定沿墙龙骨，一般是用冲击钻在标高线以上 10 mm 处墙面打孔，孔深 12 mm，孔距 0.5 ~ 0.8 m，孔内塞入木楔，将沿墙龙骨钉固在墙内木楔上，沿墙木龙骨的截面尺寸与吊顶次龙骨尺寸一样。沿墙木龙骨固定后，其底边与其他次龙骨底边标高一致。

（5）龙骨吊装固定。

木龙骨吊顶的龙骨架有两种形式，即单层网格式木龙骨架及双层木龙骨架。

① 单层网格式木龙骨架的吊装固定。

a. 分片吊装：单层网格式木龙骨架的吊装一般先从一个墙角开始，将拼装好的木龙骨架托起至标高位，对于高度低于 3.2 m 的吊顶骨架，可在高度定位杆上做临时支撑，如图 2-29 所示。

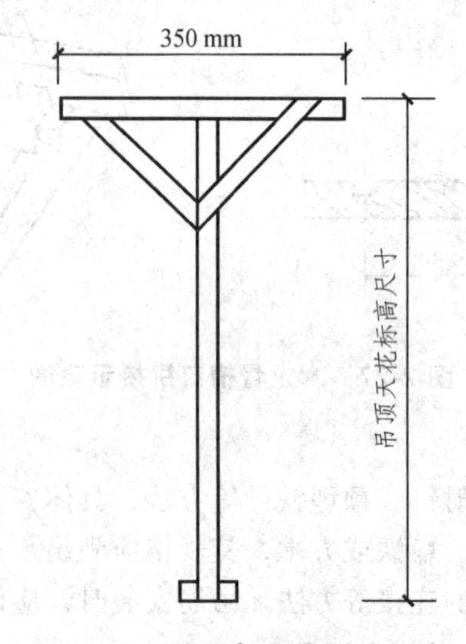

图 2-29　吊顶高度临时定位杆

b. 龙骨架与吊筋固定：龙骨架与吊筋的固定方法有多种，视选用的吊杆材料和构造而定，常采用绑扎、钩挂、木螺钉固定等，如图 2-30 所示。

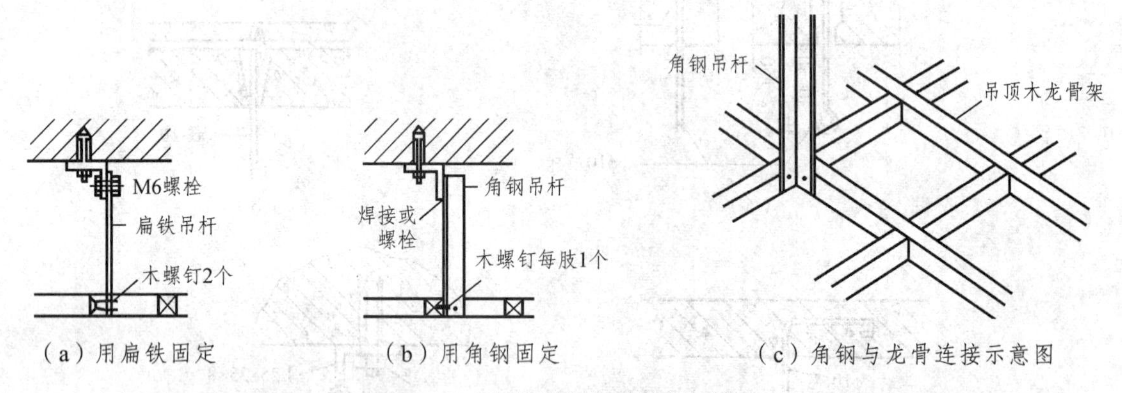

图 2-30　木龙骨架与吊筋的连接

c. 龙骨架分片连接：龙骨架分片吊装在同一平面后，要进行分片连接形成整体，其方法是：将端头对正，用短方木进行连接，短方木钉于龙骨架对接处的侧面或顶面，对于一些重要部位的龙骨连接，可采用铁件进行连接加固，如图 2-31 所示。

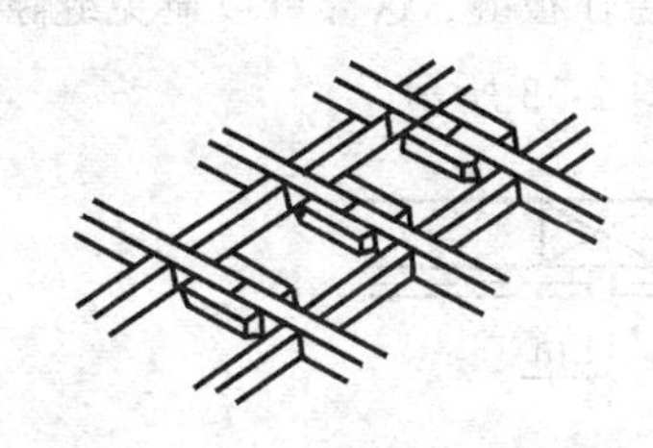

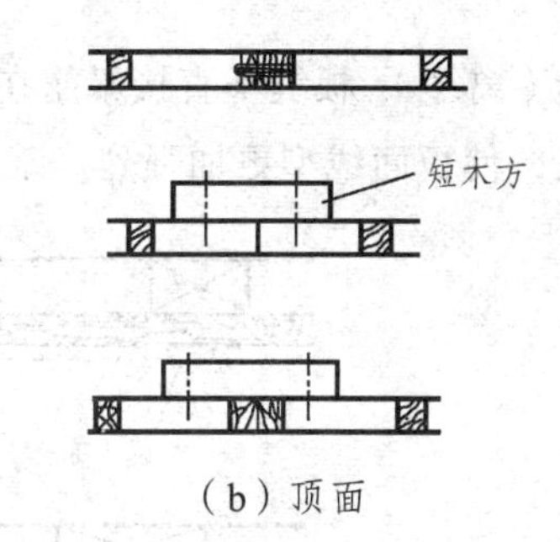

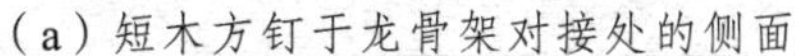

（a）短木方钉于龙骨架对接处的侧面　　　　（b）顶面

图 2-31　木龙骨对接固定

d. 叠级吊顶龙骨架连接：对于叠级吊顶，一般是从最高平面（相对可接地面）吊装，其高低面的衔接，常用做法是先以一条方木斜向将上下平面龙骨架定位，然后用垂直的方木把上下两个平面龙骨架连接固定，如图 2-32 所示。

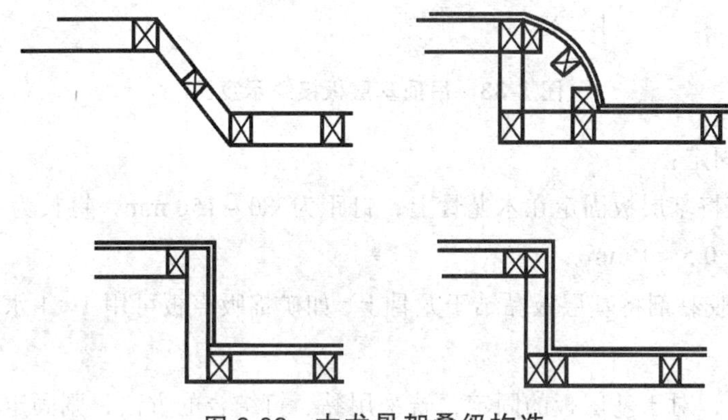

图 2-32　木龙骨架叠级构造

e. 龙骨架调平与起拱：对一些面积较大的木龙骨架吊顶，可采用起拱的方法来平衡吊顶的下坠。一般情况下，跨度在 7 ~ 10 m 间起拱量为 3/1 000，跨度在 10 ~ 15 m 间起拱量为 5/1 000。

② 双层木龙骨架的吊装固定。

a. 主龙骨架的吊装固定：按照设计要求的主龙骨间距（通常为 1 000 ~ 1 200）布置主龙骨（通常沿房间的短向布置）并与已固定好的吊杆间距一致。连接时先将主龙骨搁置在沿墙龙骨（标高线木方）上，调平主龙骨，然后与吊杆连接，并与沿墙龙骨钉接或用木楔将主龙骨与墙体楔紧。

b. 次龙骨架的吊装固定：次龙骨即是采用小木方通过咬口拼接而成的木龙骨网格，其规格、要求及吊装方法与单层木龙骨吊顶相同。将次龙骨吊装至主龙骨底部并调平后，用短木方将主、次龙骨连接牢固。

（6）基层板施工。

① 基层板接缝的处理：基层板的接缝形式，常见的有对缝、凹缝和盖缝三种。

对缝（密缝）：板与板在龙骨上对接，此时板多为粘、钉在龙骨上，缝处容易产生变形或裂缝，可用纱布或绵纸粘贴缝隙。

凹缝（离缝）：在两板接缝处做成凹槽，凹槽有 V 形和矩形两种。凹缝的宽度一般不小于 10 mm。

盖缝（离缝）：板缝不直接暴露在外，而是利用压条盖住板缝，这样可以避免缝隙宽窄不均的现象，使板面线型更加强烈。基层板的接缝构造如图 2-33 所示。

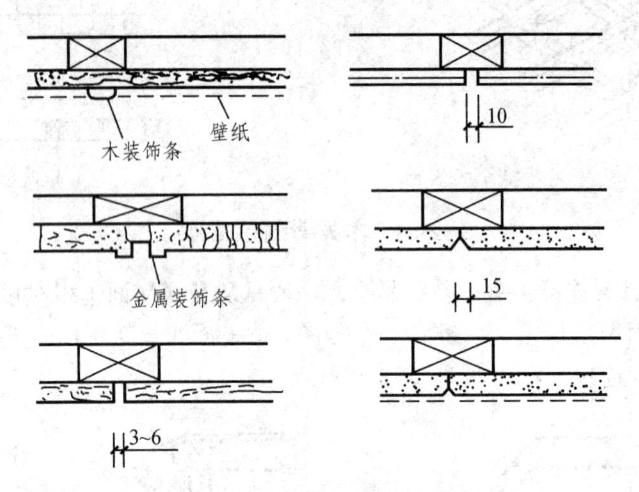

图 2-33　吊顶基层板接缝示意图

② 基层板的固定：

钉接：用铁钉将基层板固定在木龙骨上，钉距为 80 ~ 150 mm，钉长为 25 ~ 35 mm，钉帽砸扁并进入板面 0.5 ~ 1 mm。

黏结：用各种胶黏剂将基层板黏结于龙骨上，如矿棉吸声板可用 1∶1 水泥石膏粉加入适量 107 胶进行黏结。

工程实践证明，对于基层板的固定，若采用黏、钉结合的方法，则固定更为牢固。

（7）木龙骨吊顶节点处理。

① 阴角节点：阴角是指两面相交内凹部分，其处理方法通常是用角木线钉压在角位上，如图 2-34 所示。固定时用直钉枪，在木线条的凹部位置打入直钉。

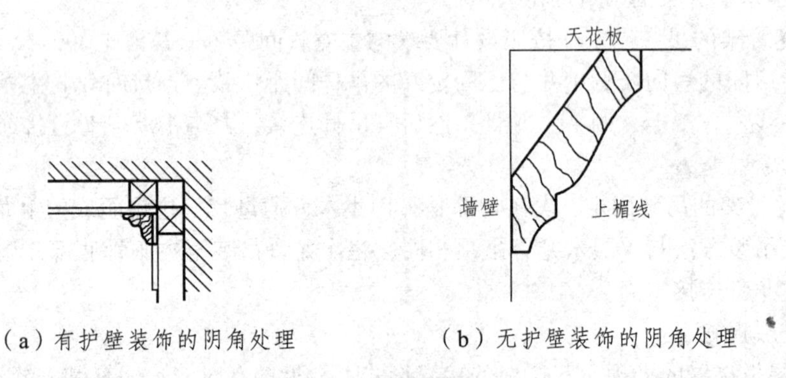

（a）有护壁装饰的阴角处理　　（b）无护壁装饰的阴角处理

图 2-34　吊顶面阴角处理

② 过渡节点：两个落差高度较小的面接触处或平面上，两种不同材料的对接处。其处理方法通常用木线条或金属线条固定在过渡节点上。木线条可直接钉在吊顶面上，不锈钢等金属条则用粘贴法固定，如图 2-35 所示。

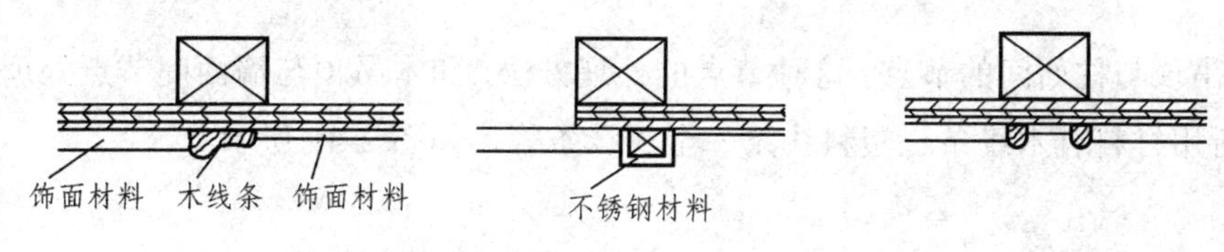

图 2-35　吊顶面过渡处理

③ 吊顶与灯光盘节点：灯光盘在吊顶上安装后，其灯光片或灯光格栅与吊顶之间的接触处需做处理。其方法通常用木线条进行固定，如图 2-36 所示。

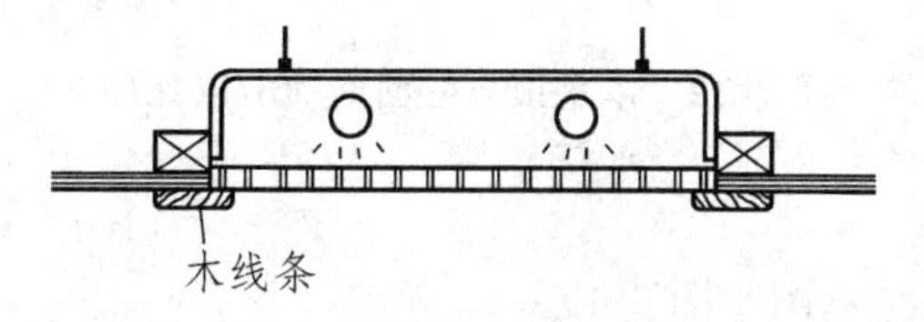

图 2-36　灯光盘节点处理

④ 吊顶与检修孔节点：通常是在检修孔盖板四周钉木线条，或在检修孔内侧钉角铝，如图 2-37 所示。

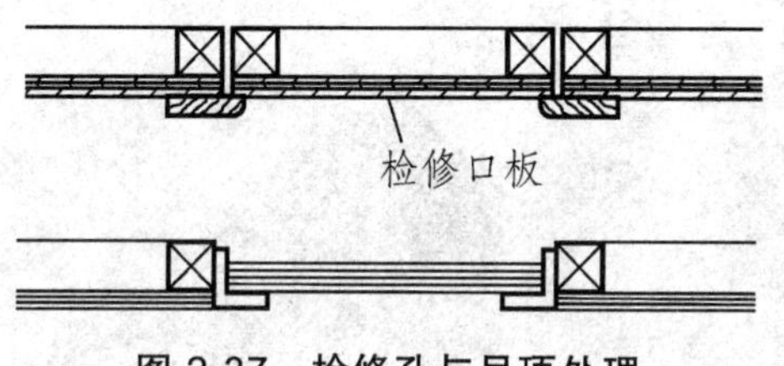

图 2-37　检修孔与吊顶处理

⑤ 木吊顶与墙面间节点：通常采用固定木线条或塑料线条的处理方法。线条的式样及方法多种多样，常用的有实心角线、斜位角线、八字角线及阶梯形角线等，如图 2-38 所示。

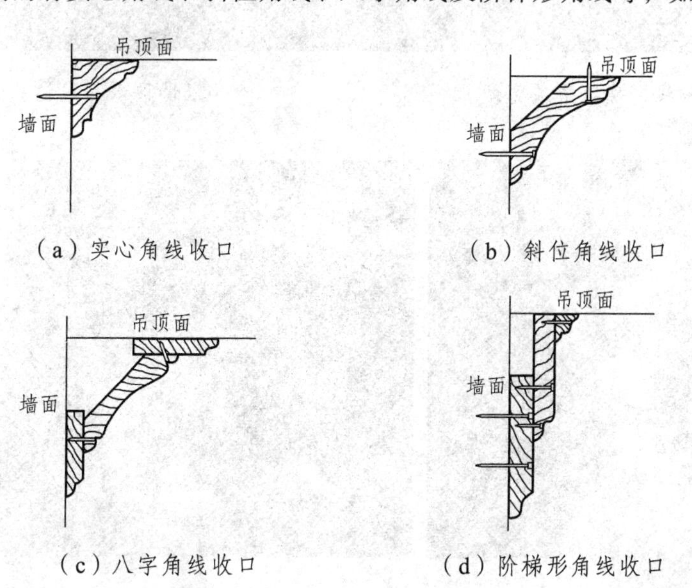

图 2-38　木吊顶与墙面间节点处理

⑥ 木吊顶与柱面间的节点：这种节点的处理方法，和木吊顶与墙面间节点处理的方法基本相同，所用材料有木线条、塑料线条、金属线条等，如图 2-39 所示。

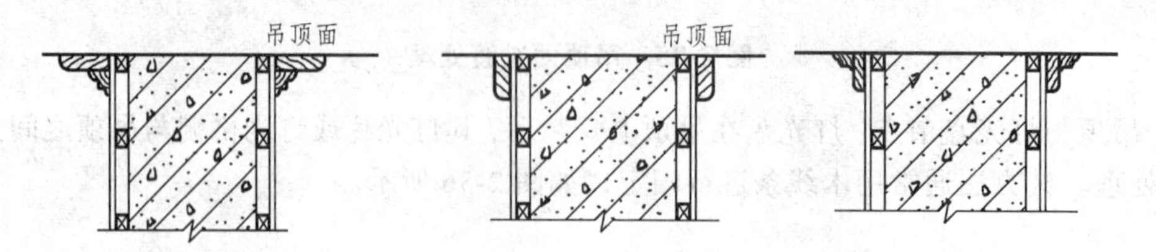

图 2-39　木吊顶与柱面间的节点处理

3）工艺要点示意图

木龙骨吊顶工艺要点示意图（图 2-40）。

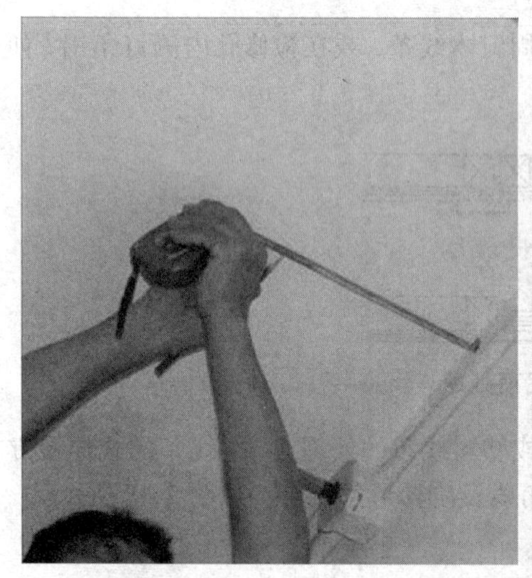

沿墙顶放水平线，确定吊顶宽度

沿墙顶水平线钻孔

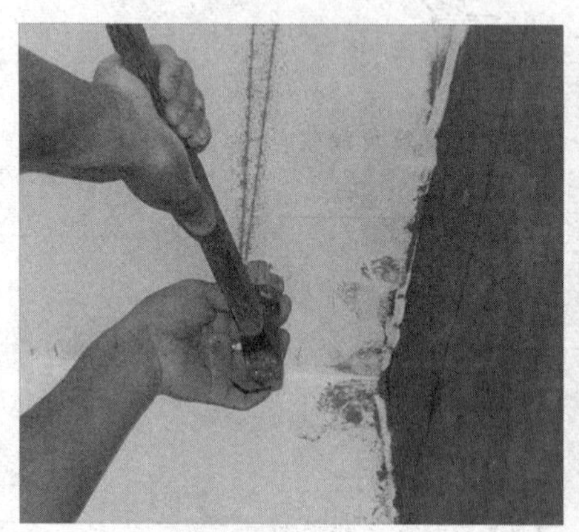

固定木楔

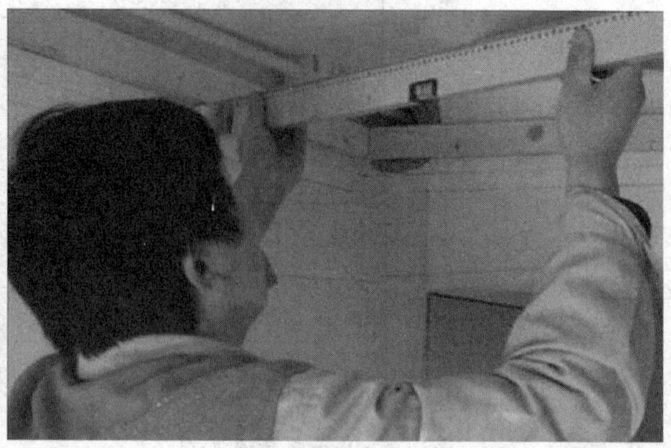

沿水平线将木龙骨钉固在木楔上

检查、调整木龙骨平整度

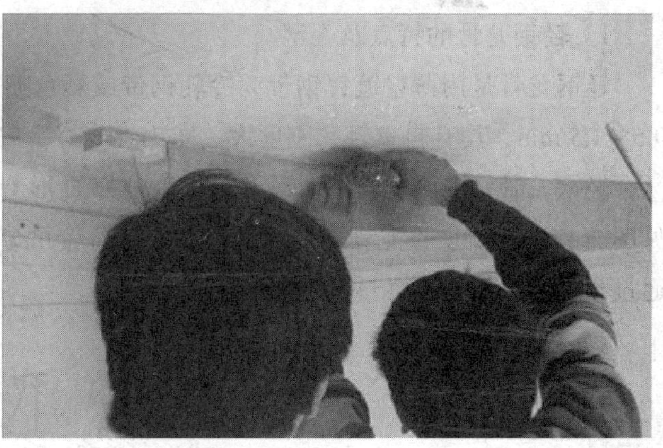

封装固定面板

检查面板、钉眼涂刷防锈材料

图 2-40　木龙骨吊顶工艺要点示意图

2. 轻钢龙骨吊顶（图 2-41）

图 2-41　轻钢龙骨吊顶实物图片

1）轻钢龙骨的特点及类型

轻钢龙骨是用薄壁镀锌钢带、冷轧钢带或彩色喷塑钢带经机械压制而成，其钢带厚度为0.5 ~ 1.5 mm，具有自重轻、刚度大、防火性能好、安装简便等优点，便于装配化施工。

轻钢龙骨，按照龙骨的断面形状可以分为U形（C形）、T形、H形、V形等（吊顶示意见图2-42 ~ 2-45），按龙骨的受力性能和安装位置可分为主龙骨、次龙骨、横撑龙骨、边龙骨，通过相应的专用连接件拼装成龙骨架。

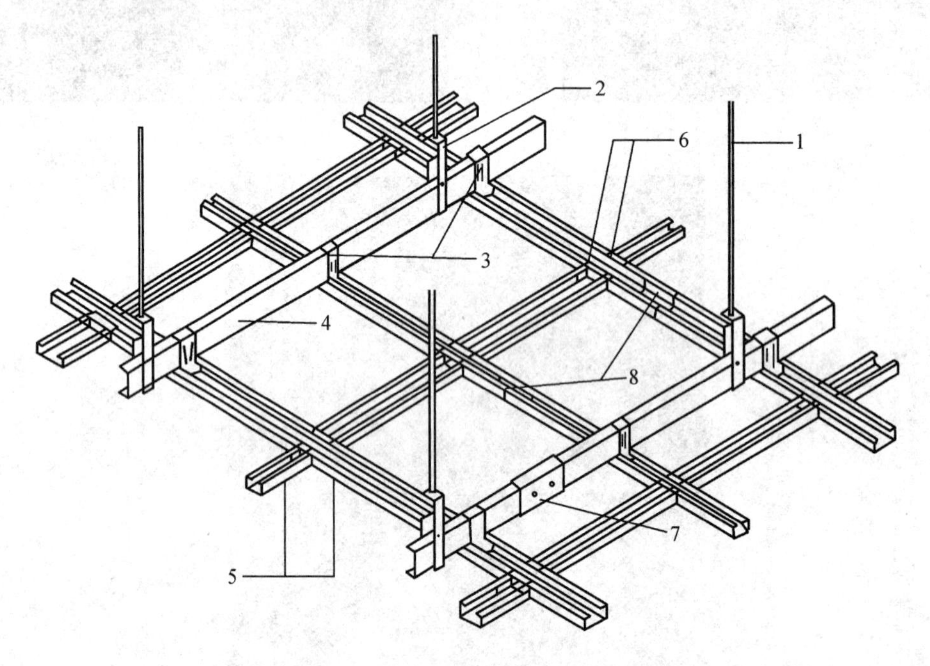

1—吊杆；2—吊件；3—挂件；4—承载龙骨；5—覆面龙骨；6—挂插件；7—承载龙骨连接件；8—覆面龙骨连接件。

图2-42　U形吊顶龙骨示意图

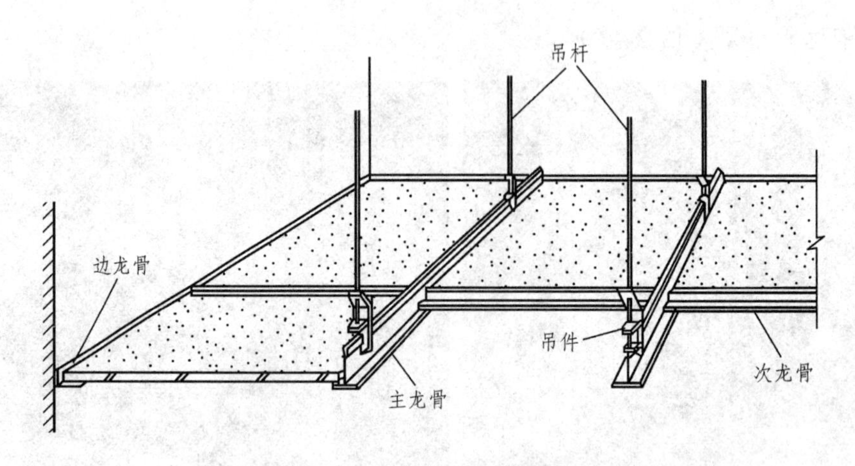

图2-43　T形吊顶龙骨示意图

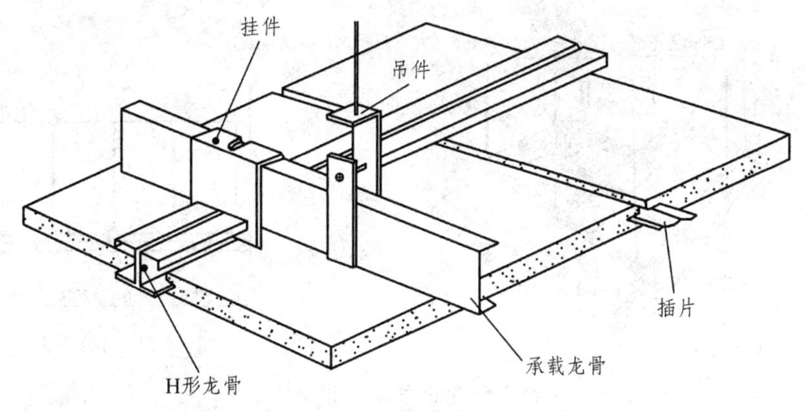

图 2-44　H 形吊顶龙骨示意图

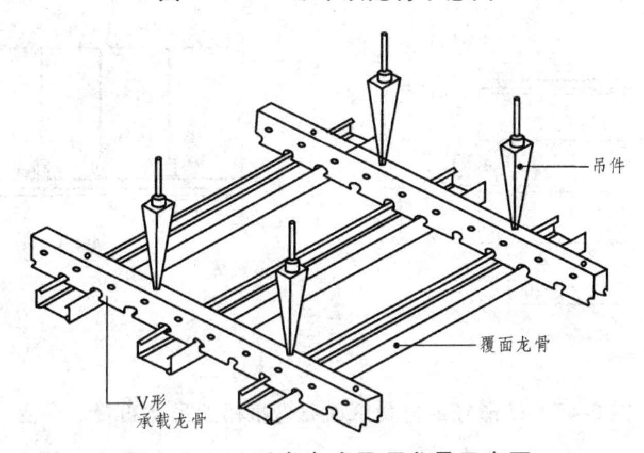

图 2-45　V 形直卡式吊顶龙骨示意图

图 2-46 ~ 图 2-49 为吊顶施工中常见的 U 形轻钢龙骨纸面石膏板吊顶安装示意图。

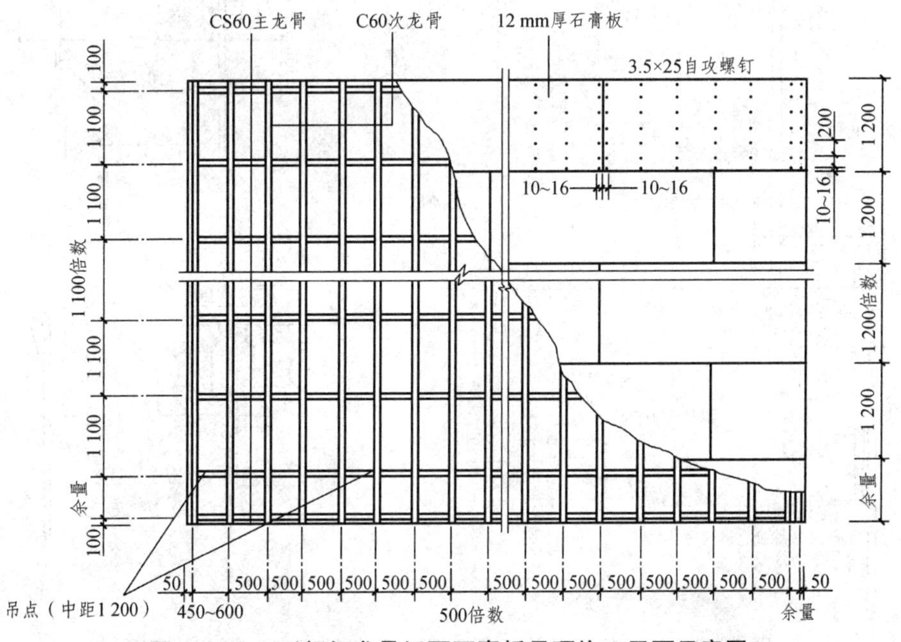

图 2-46　U 形轻钢龙骨纸面石膏板吊顶施工平面示意图

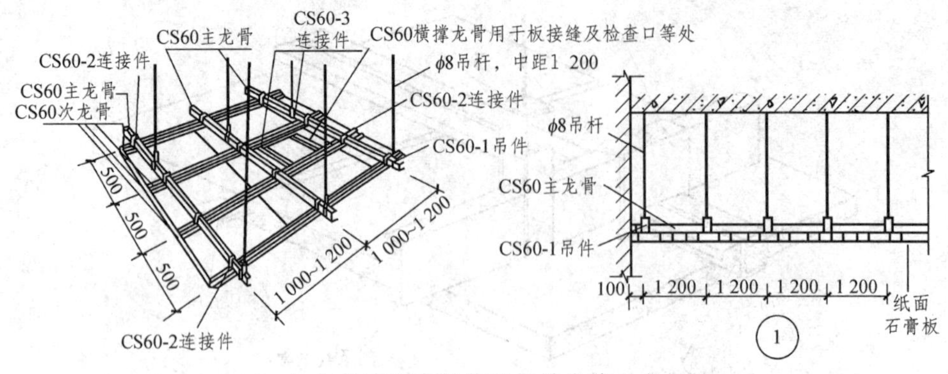

（a）纸面石膏板吊顶龙骨安装示意

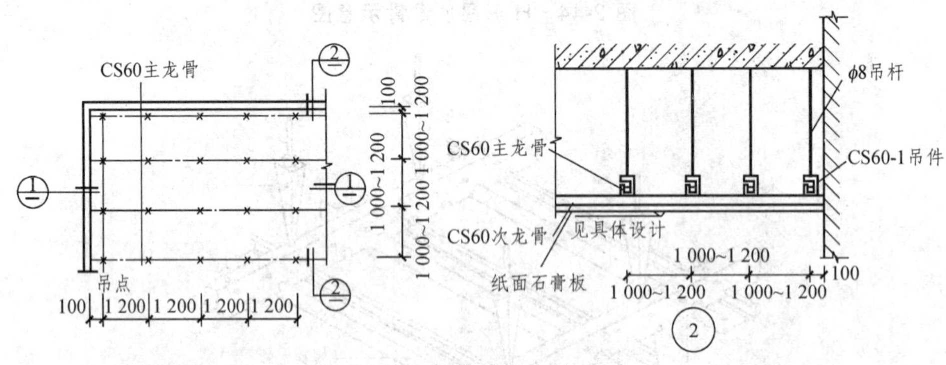

（b）主龙骨及吊点布置

图 2-47　U 形轻钢龙骨纸面石膏板吊顶吊点布置示意图

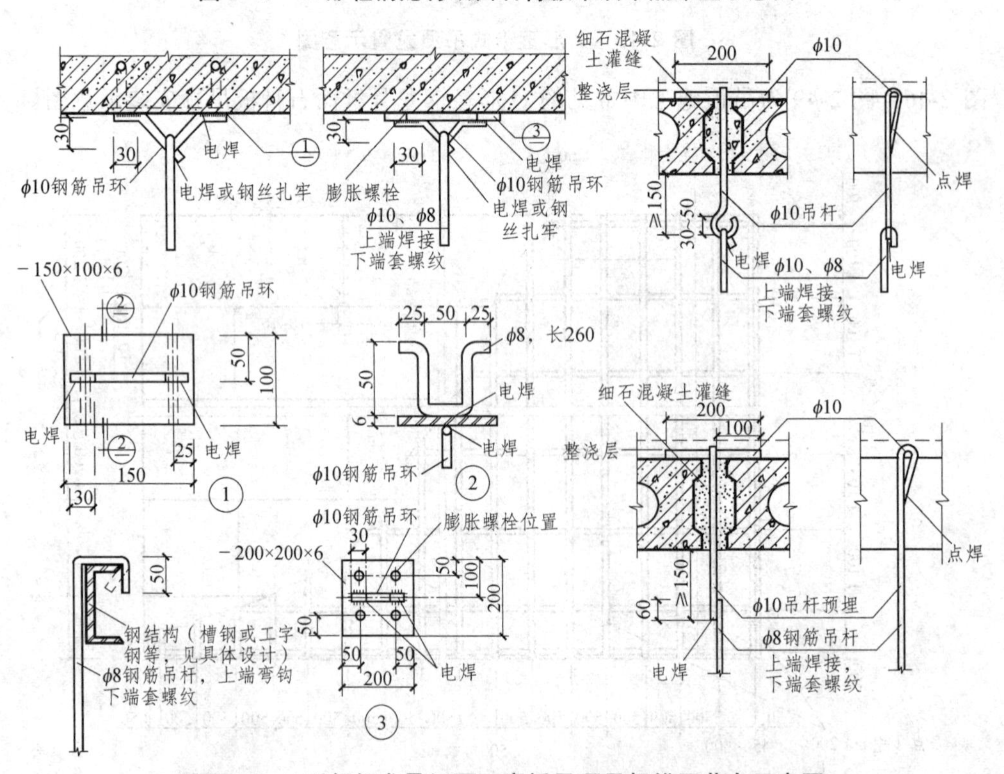

图 2-48　U 形轻钢龙骨纸面石膏板吊顶吊杆锚固节点示意图

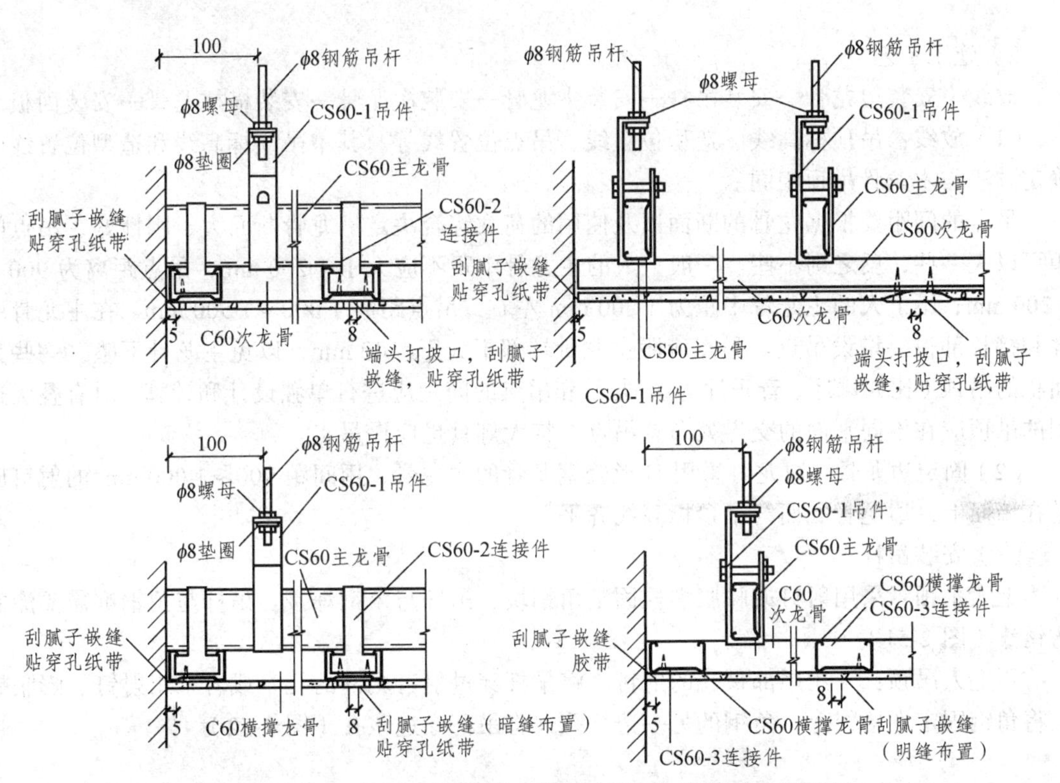

图 2-49　U 形轻钢龙骨纸面石膏板吊顶细部构造节点示意图

常用的龙骨材料及连接配件材料，图 2-50 为常见轻钢龙骨连接件。

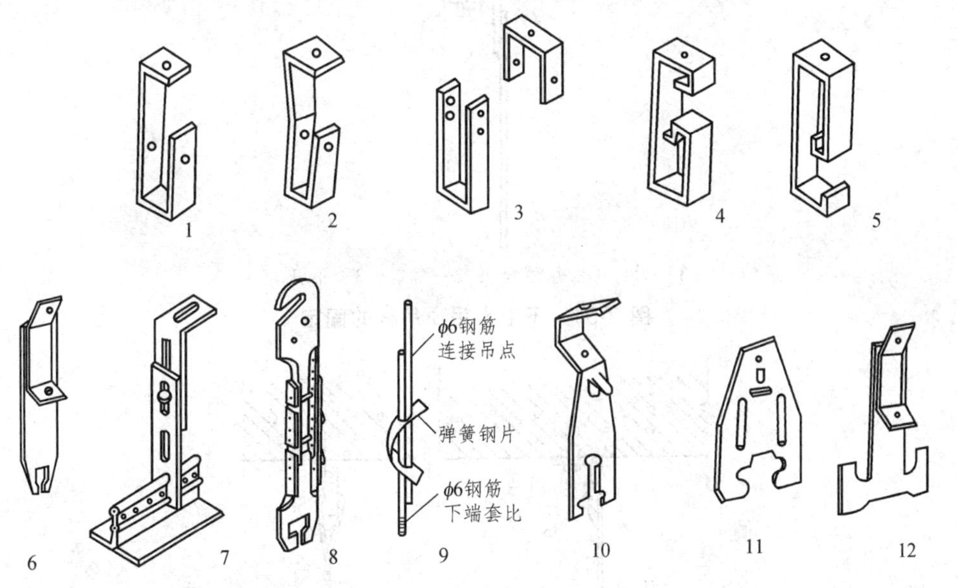

1～5—U 形承载龙骨吊件；6—T 形主龙骨吊件；7—穿孔金属带吊件（T 形龙骨吊件）；
8—游标吊件（T 形龙骨吊件）；9—弹簧钢片吊件；10—T 形龙骨吊件；
11—C 形主龙骨直接固定式吊卡（CSR 吊顶系统）；
12—槽形主龙骨吊卡（C 形龙骨吊件）。

图 2-50　轻钢龙骨常用吊挂件

2）施工工艺

放线→安装边龙骨→安装吊杆→安装主龙骨→安装次龙骨→安装横撑龙骨→安装面板。

（1）放线：吊顶标高线、造型位置线、吊点位置线等。其中吊顶标高线和造型位置线的确定方法与木龙骨吊顶相同。

吊点的间距要根据龙骨的断面以及使用的荷载综合决定。龙骨断面大、刚性好，吊点间距可以大一些，反之则小些。一般上人的主龙骨中距不应大于 1 200 mm，吊点距离为 900 ~ 1 200 mm；不上人的主龙骨中距为 1 200 mm 左右，吊点距离 1 000 ~ 1 500 mm。在主龙骨端部和接长部位要增设吊点。吊点应距主龙骨端部不大于 300 mm，以免主龙骨下坠。一些大面积的吊顶（比如舞厅、音乐厅等），龙骨和吊点的间距应进行单独设计和计算。对有叠级造型的吊顶应在不同平面的交界处布置吊点。特大灯具也应设吊点。

（2）固定边龙骨：边龙骨采用 U 形轻钢龙骨的次龙骨，用间距 900 ~ 1 000 mm 的射钉固定在墙面上，边龙骨底面与吊顶标高线齐平。

（3）安装吊杆：

上人吊顶：采用射钉或膨胀螺栓固定角钢块，吊杆与角钢焊接。吊杆与角钢都需要涂刷防锈漆（图 2-51）。

不上人吊顶：采用尾部带孔的射钉，将吊杆穿过射钉尾部的孔，或者采用射钉、膨胀螺栓将角钢固定在楼板上，角钢的另一边穿孔，将吊杆穿过该孔（图 2-52）。

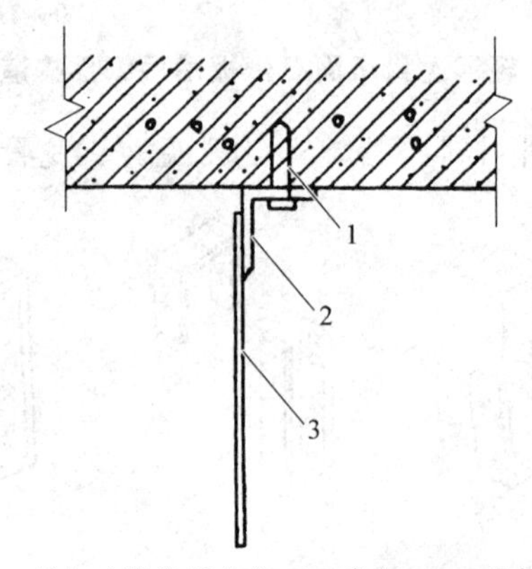

1—射钉（膨胀螺栓）；2—角钢；3—吊杆。

图 2-51　不上人吊顶吊杆的固定

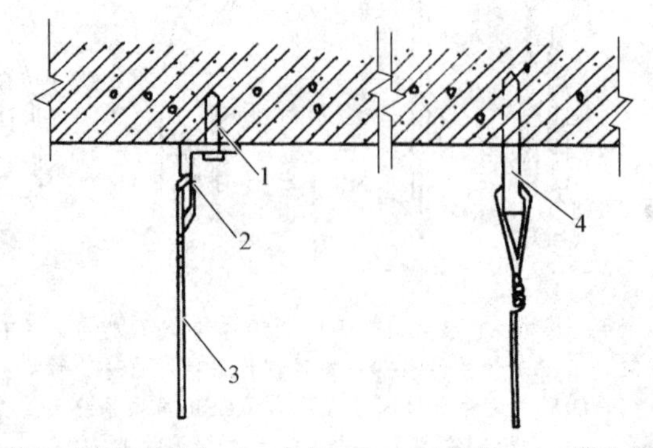

1—射钉（膨胀螺栓）；2—角钢；3— ϕ4 吊杆；4—带孔射钉。

图 2-52　上人吊顶吊杆的固定

（4）安装主龙骨并调平：主龙骨的安装是用主龙骨吊挂件将主龙骨连接在吊杆上（图 2-53），拧紧螺丝卡牢，然后以一个房间为单位将主龙骨调平。

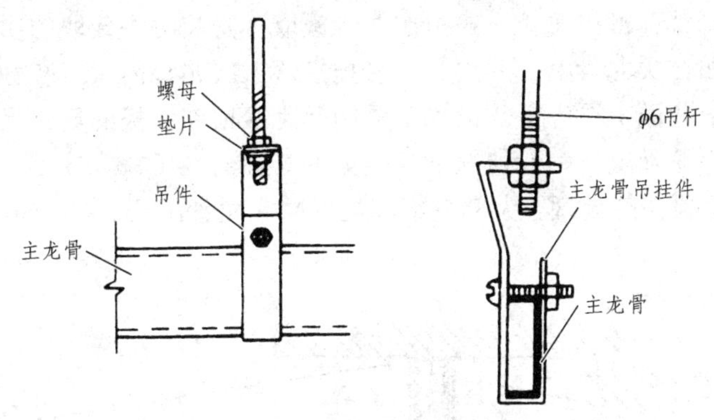

图 2-53　主龙骨连接示意图

调平的方法可以采用 60 mm × 60 mm 的木方按主龙骨间距钉圆钉，将龙骨卡住做临时固定，按十字和对角拉线，拧动吊杆上的螺母进行升降调整（图 2-54）。调平时需注意，主龙骨的中间部分应略有起拱，起拱高度不小于房间短向跨度的 1/200。

主龙骨的接长一般采用与主龙骨配套的接插件接长。

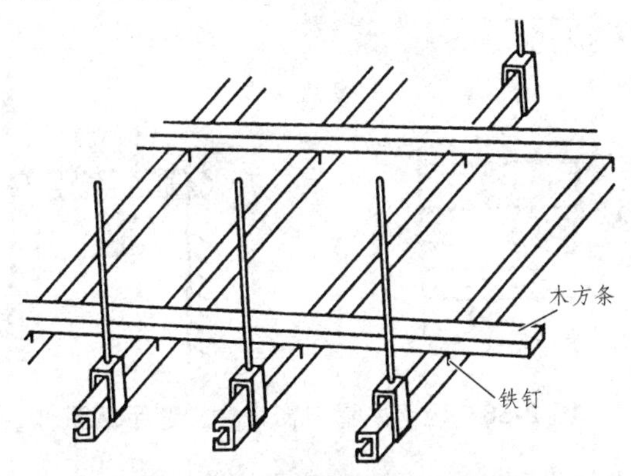

图 2-54　主龙骨调平示意图

（5）安装次龙骨：次龙骨应紧贴主龙骨垂直安装，一般应按板的尺寸在主龙骨的底部弹线，用挂件固定，挂件上端搭在主龙骨上，挂件 U 形腿用钳子卧入主龙骨内（图 2-55）。为防止主龙骨向一边倾斜，吊挂件的安装方向应交错进行。

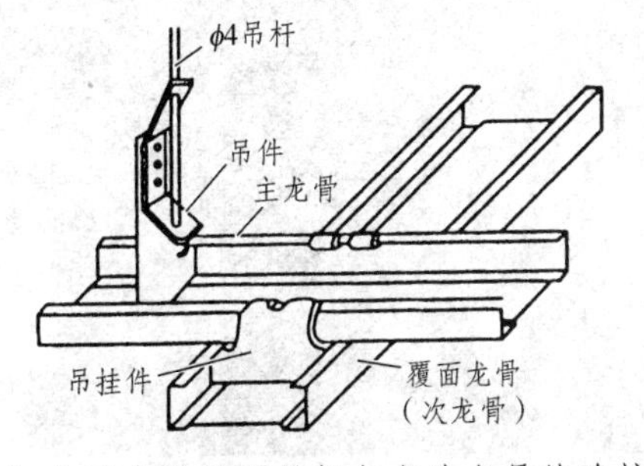

（a）不上人吊顶吊杆与主次龙骨的连接

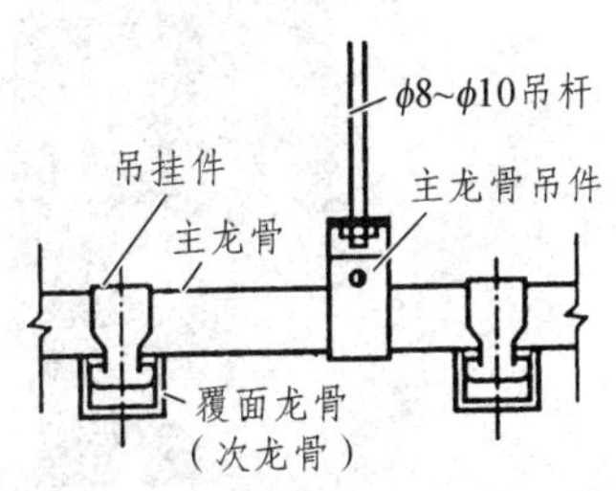

（b）上人吊顶吊杆与主次龙骨的连接

图 2-55　次龙骨与主龙骨连接示意图

次龙骨的间距由饰面板规格而定，要求饰面板端部必须落在次龙骨上，一般情况采用的间距是 400 mm，最大间距不得超过 600 mm。

（6）安装横撑龙骨：横撑龙骨一般由次龙骨截取。安装时将截取的次龙骨端头插入挂插件，垂直于次龙骨扣在次龙骨上，并用钳子将挂搭弯入次龙骨内。组装好后，次龙骨和横撑龙骨底面（即饰面板背面）要齐平。横撑龙骨的间距根据饰面板的规格尺寸而定，要求饰面板端部必须落在横撑龙骨上，一般情况下间距为 600 mm。

（7）轻钢龙骨吊顶细部处理：大部分细部处理同木龙骨吊顶。图 2-56 为轻钢龙骨与窗帘盒连接构造示意图。

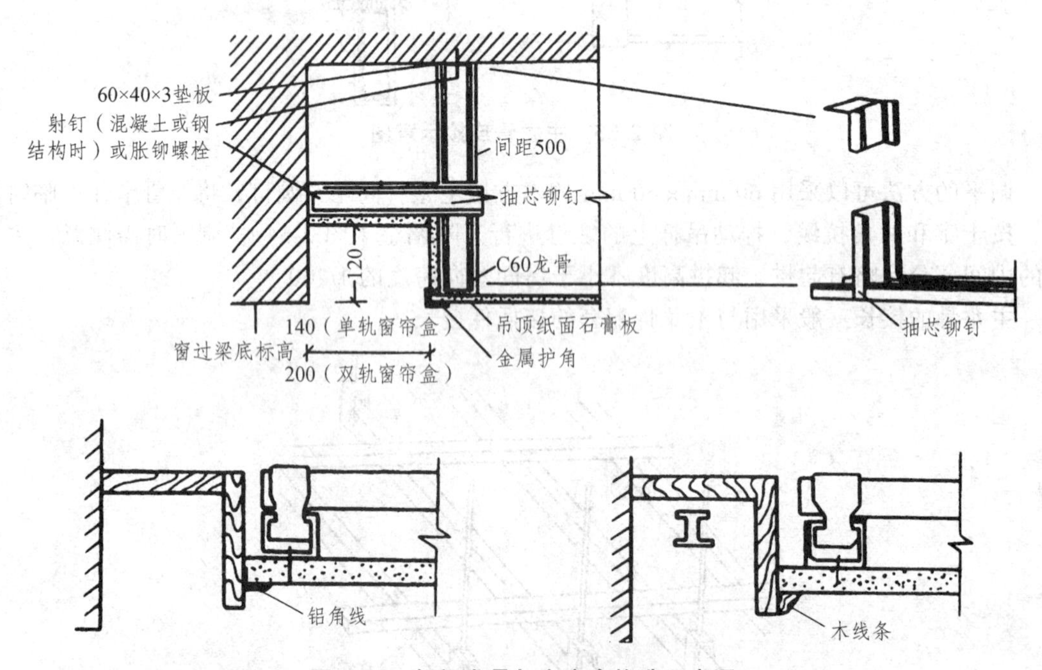

图 2-56　轻钢龙骨与窗帘盒构造示意图

3）轻钢龙骨纸面石膏板吊顶工艺要点示意图（图 2-57）

确定位置线，固定边龙骨

确定吊点位置

在吊点位置固定吊杆

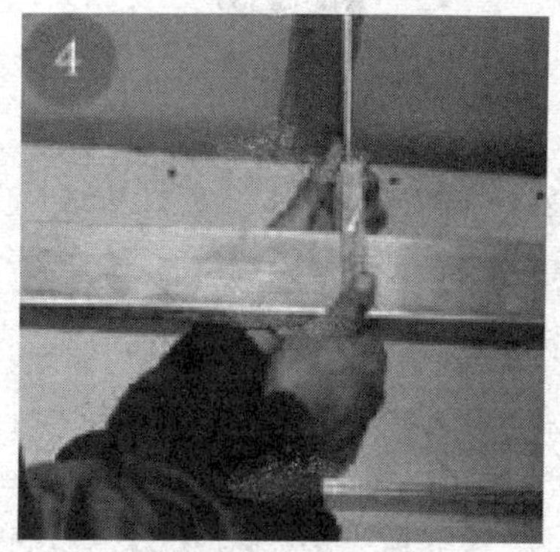

连接主龙骨，调整水平度

控制主龙骨间距

连接次龙骨

连接横撑龙骨

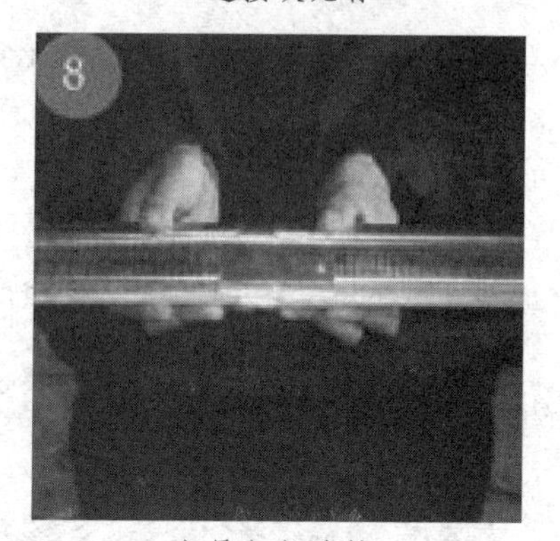

龙骨加长连接

纸面石膏板固定

图 2-57　轻钢龙骨纸面石膏板吊顶工艺要点示意图

3. 铝合金龙骨吊顶（图 2-58）

图 2-58　铝合金龙骨吊顶实物

1）铝合金龙骨吊顶构造和类型

铝合金龙骨吊顶的构造为活动装配式吊顶的范畴，按是否可上人包括两种情况：一种由 U 形轻钢龙骨作主龙骨与 T 形铝合金龙骨组成的龙骨架，它可以承受附加荷载，属于可上人吊顶，如图 2-59 所示；一种由 T 形铝合金龙骨组装的轻型吊顶龙骨架构造，属于不可上人吊顶，如图 2-60 所示。

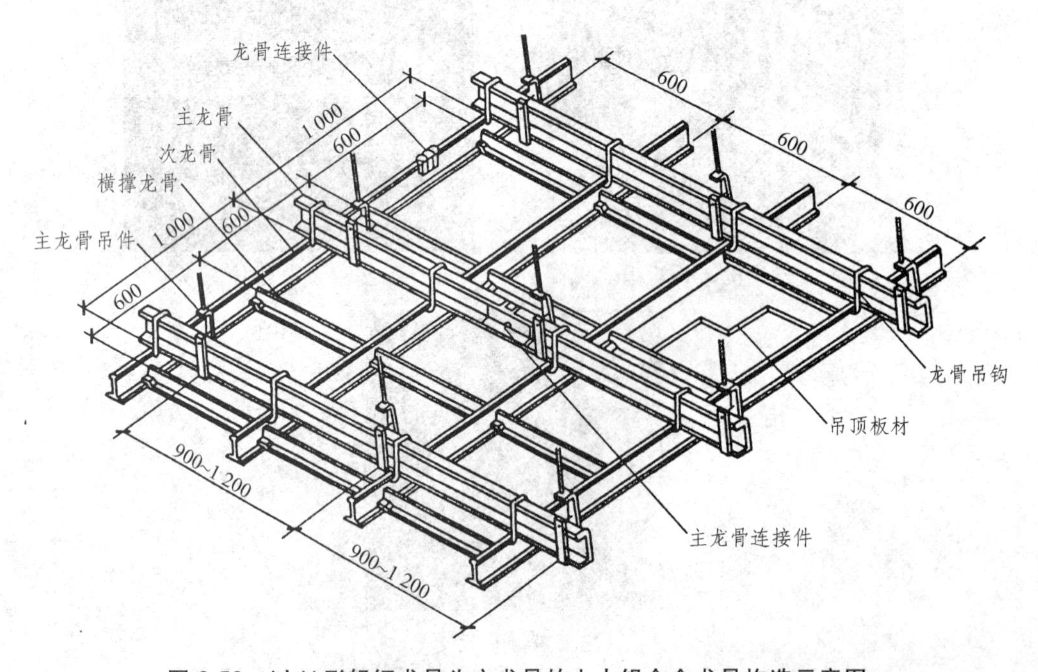

图 2-59　以 U 形轻钢龙骨为主龙骨的上人铝合金龙骨构造示意图

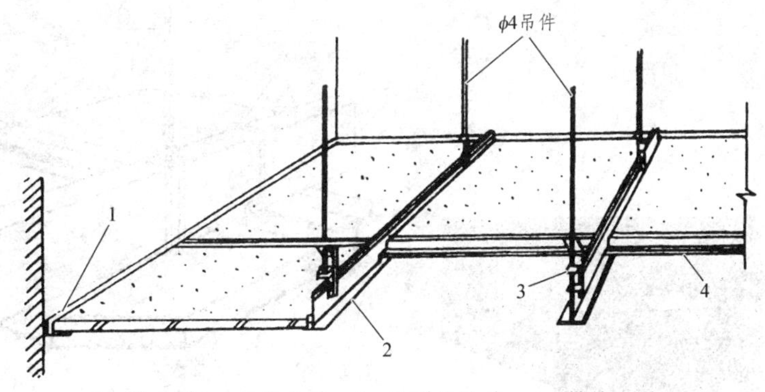

1—边龙骨；2—次龙骨；3—T 形吊挂件；4—横撑龙骨。

图 2-60　不上人铝合金龙骨构造示意图

铝合金龙骨吊顶根据龙骨与面板的位置关系，有明架吊顶、半明架吊顶、暗架吊顶三种形式，如图 2-61、2-62、2-63 所示。

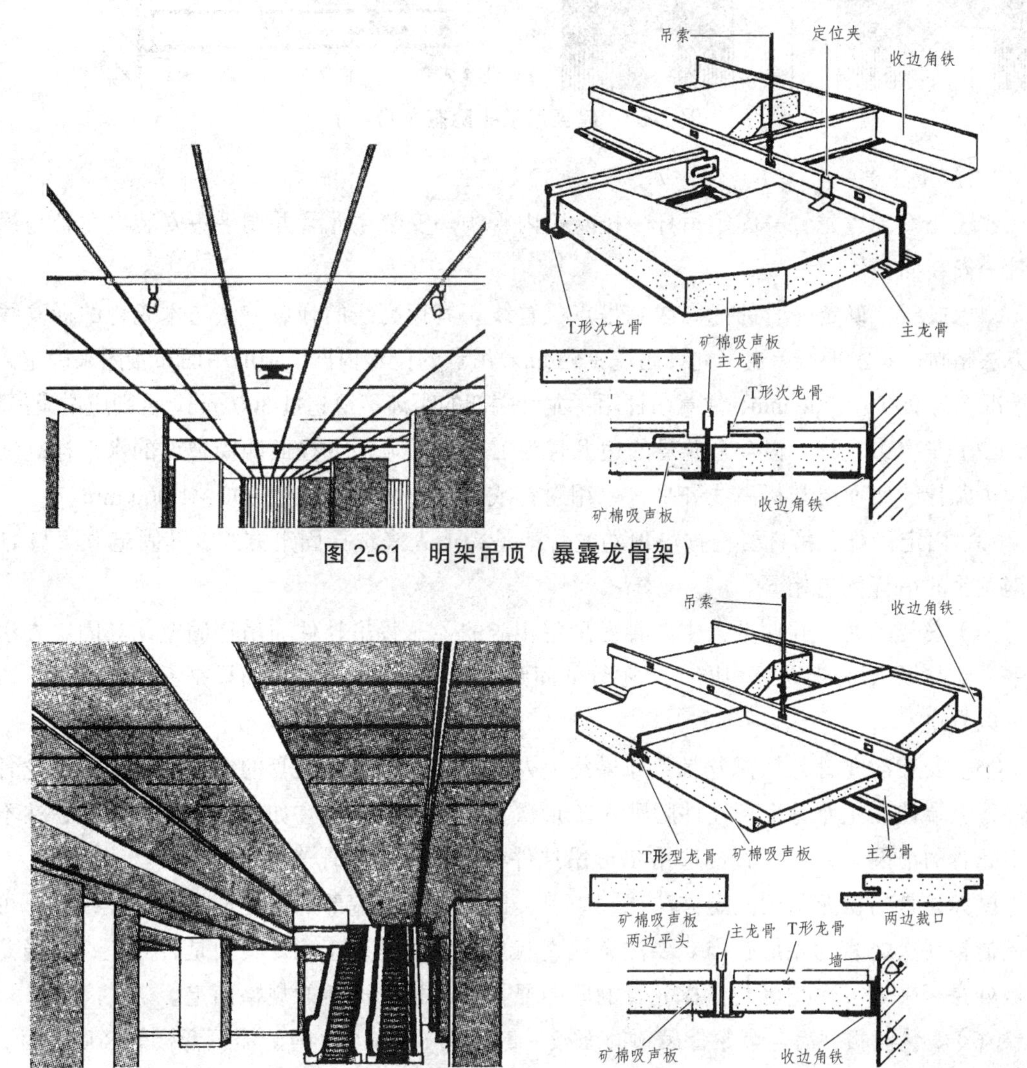

图 2-61　明架吊顶（暴露龙骨架）

图 2-62　半明架吊顶（部分暴露龙骨架）

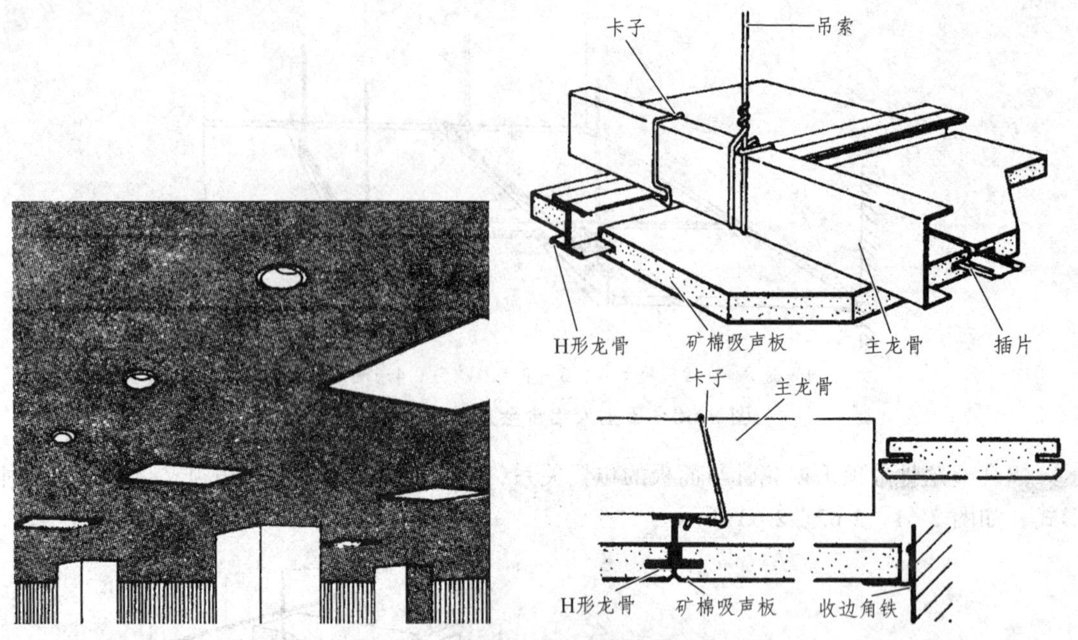

图 2-63　暗架吊顶（隐蔽龙骨架）

2）施工工艺

放线→安装边龙骨→固定吊杆→校验棚内管线→安装主龙骨并调平→安装次龙骨与横撑龙骨→安装面板。

（1）放线：确定龙骨的标高线和吊点位置线。其标高线的弹设方法与木龙骨的标高线弹设方法相同，其水平偏差也不允许超过 ± 5 mm。吊点的位置根据吊顶的平面布置图来确定，一般情况下为 900 ~ 1 200 mm，注意吊杆距主龙骨端部的距离不得超过 300 mm，否则应增设吊杆。

（2）安装边龙骨：铝合金龙骨的边龙骨为 L 形，沿墙面或柱面四周弹设的水平标高线固定，边龙骨的底面要与标高线齐平，采用射钉或水泥钉固定，间距 900 ~ 1 000 mm。

（3）固定吊杆：吊杆要根据吊顶的龙骨架是否上人来选择固定方式，其固定方法与 U 形轻钢龙骨的吊杆固定相同。

（4）安装主龙骨并调平：主龙骨是采用相应的主龙骨吊挂件与吊杆固定，其固定方法和调平方法与 U 形轻钢龙骨相同。主龙骨的间距为 1 000 mm 左右。如果是不上人吊顶，该步骤可以省略。

（5）安装次龙骨与横撑龙骨：如果是上人吊顶，采用专门配套的铝合金龙骨的次龙骨吊挂件，上端挂在主龙骨上，挂件腿卧入 T 形次龙骨的相应孔内。如果是不上人吊顶，在不安装主龙骨的情况下，可以直接选用 T 形吊挂件将吊杆与次龙骨连接。

横撑龙骨与次龙骨的固定方法比较简单，横撑龙骨的端部都带有相配套的连接耳，可以直接插接在次龙骨的相应孔内。要注意检查其分格尺寸是否正确，交角是否方正，纵横龙骨交接处是否平齐。次龙骨与横撑龙骨的间距要根据吊顶饰面板的规格而定。

（6）安装面板：铝合金龙骨吊顶的面板一般采用 600 × 600 的矿棉石膏板等轻质板材，根据次龙骨和横撑龙骨的形式，面板安装可采用搁置式、卡入式及两者结合的方式。

2.2.3 其他集成吊顶系统

1. 金属装饰板吊顶（图 2-64）

图 2-64 金属装饰板吊顶实物

1）方形金属板吊顶

方形金属板吊顶饰面板有两种安装方法：一种是搁置式安装；一种是卡入式安装。图 2-65 为方形金属板吊顶卡入式安装示意图。

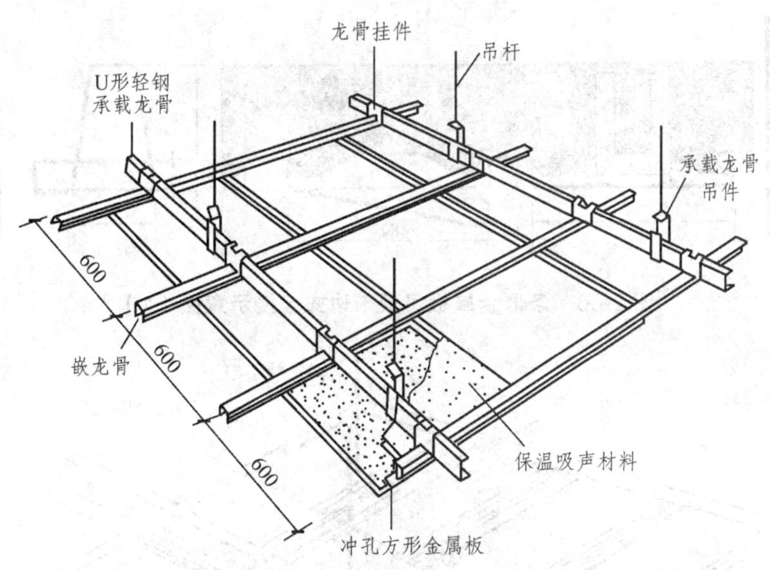

图 2-65 方形金属板卡入式安装示意图

2）条形金属板吊顶

条形金属板沿边分为“卡边”与“扣边”两种。

卡边式条形金属板安装时，只需直接将板沿按顺序利用板的弹性，卡入特制的带夹齿状的龙骨卡口内，调平调直即可，不需要任何连接件。此种板形有板缝，故也称为“开敞式”（敞缝式）吊顶顶棚。板缝有利于顶棚通风，可以不进行封闭，也可按设计要求加设配套的嵌条予以封闭（图 2-66、图 2-67）。

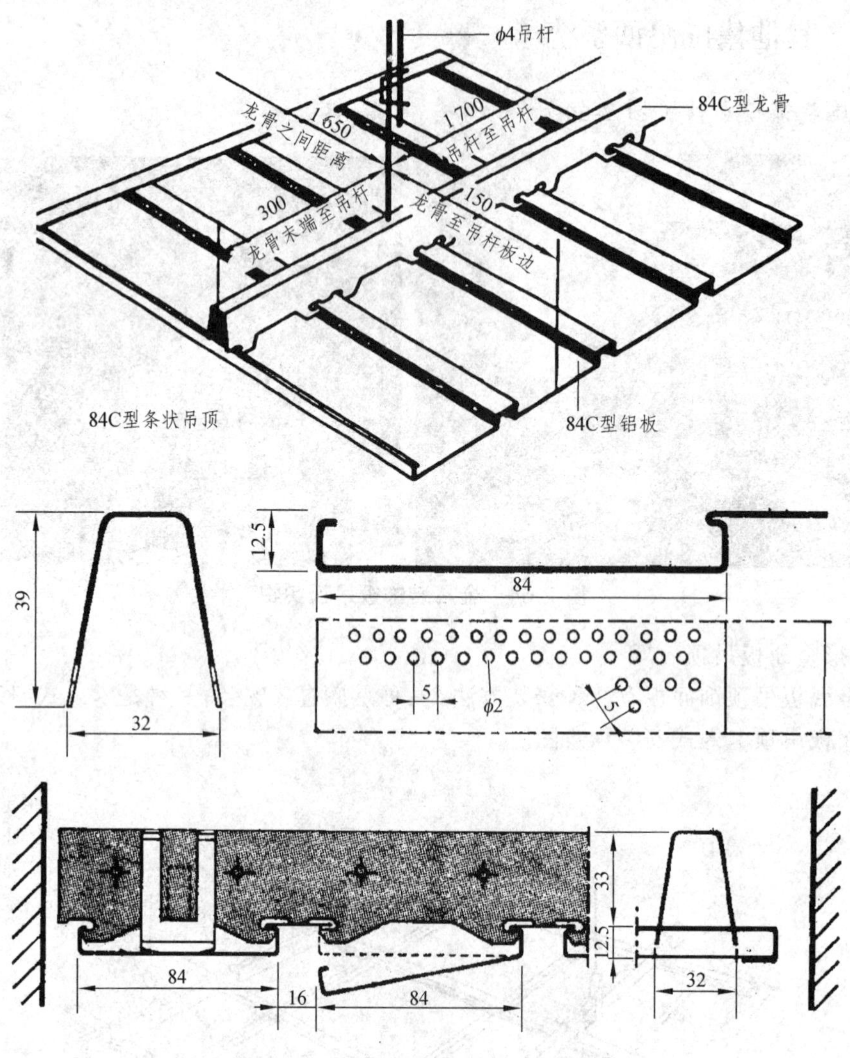

图 2-66　条形金属板吊顶卡边式连接示意图（1）

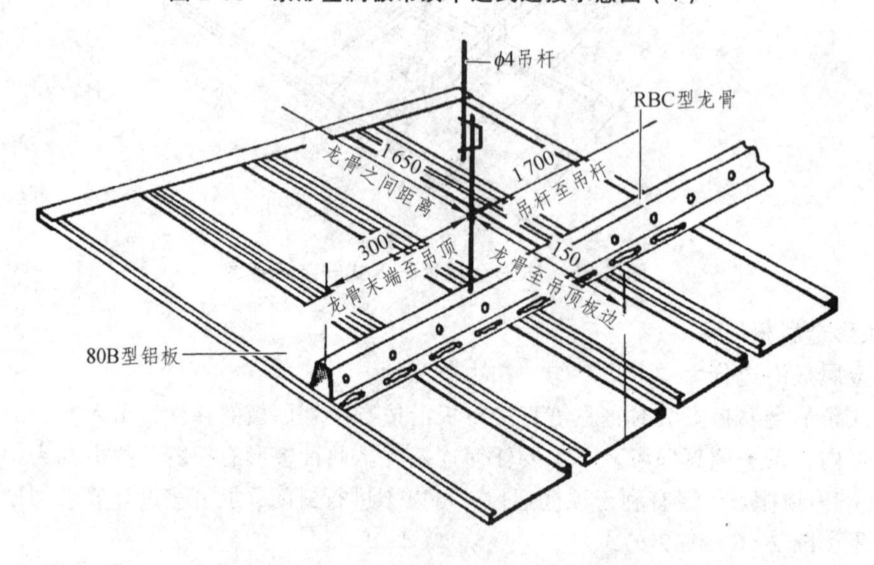

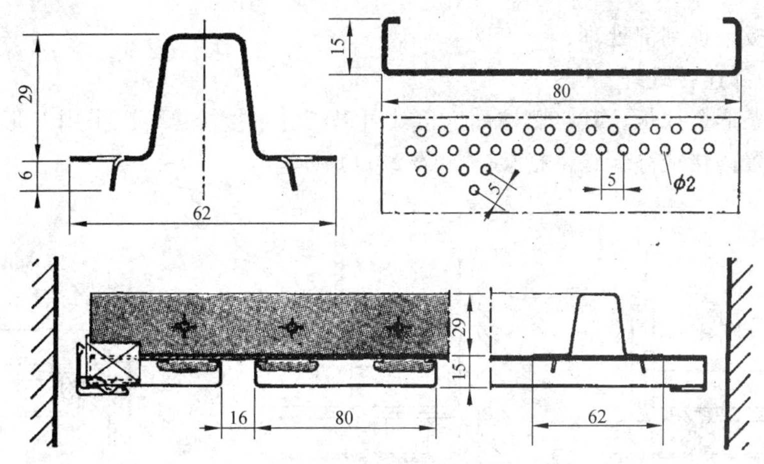

图 2-67　条形金属板吊顶卡边式连接示意图（2）

扣边式条形金属板，可与卡边型金属板一样安装在带夹齿状龙骨卡口内，利用板本身的弹性相互卡紧（图 2-68）。

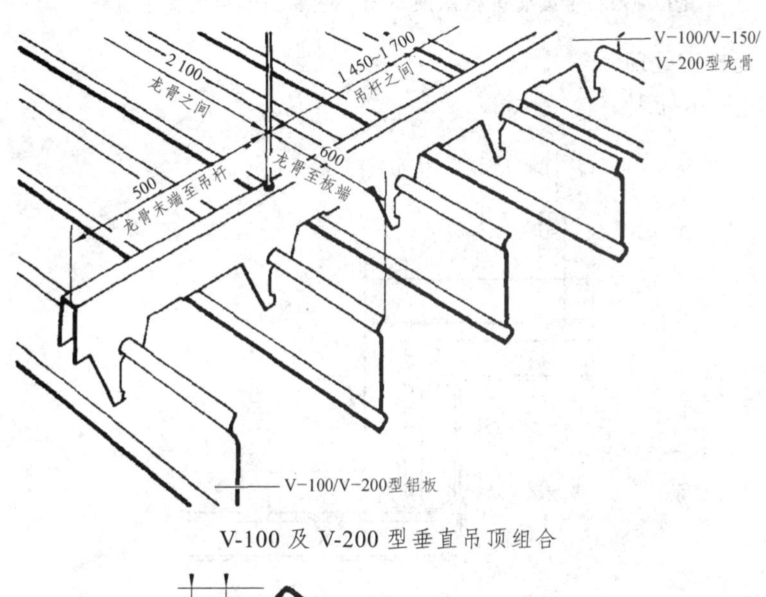

V-100 及 V-200 型垂直吊顶组合

图 2-68　条形金属板吊顶扣边式连接示意图

金属装饰板吊顶细部处理：

1）墙柱边部连接处理

方形板或条形金属板，其与墙柱面连接处可以离缝平接，也可以采用 L 形边龙骨或半嵌龙骨同平面搁置搭接或高低错落搭接，如图 2-69 所示。

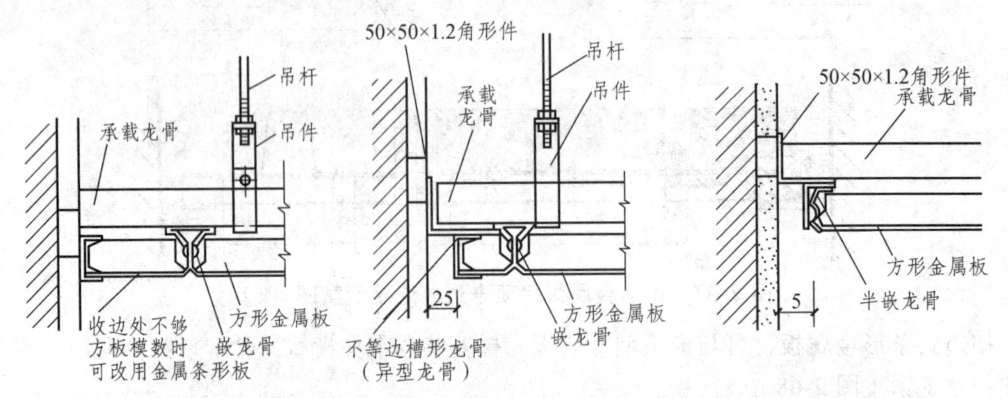

图 2-69　金属装饰板吊顶与墙、柱等的连接构造示意图

2）变标高处连接处理

可按图 2-70 所示处理。

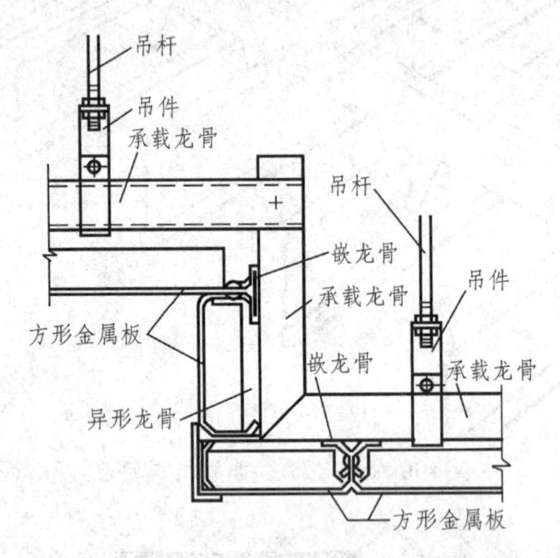

图 2-70　金属装饰板吊顶变标高处连接构造示意图

3）窗帘盒、送风口等构造处理

可按图 2-71、图 2-72 所示处理。

4）与隔断的连接处理

隔断沿顶龙骨必须与其垂直的顶棚主龙骨连接牢固。当顶棚主龙骨不能与隔断沿顶龙骨相垂直布置时，必须增设短的主龙骨，此短的主龙骨再与顶棚承载龙骨连接固定。总之，隔断沿顶龙骨与顶棚骨架系统连接牢固后，再安装罩面板。

5）吸声或隔热材料布置

当金属板为穿孔板时，在穿孔板上铺壁毡，再将吸声隔热材料（如玻璃棉、矿棉等）满铺其上，以防止吸声材料从孔中漏出。

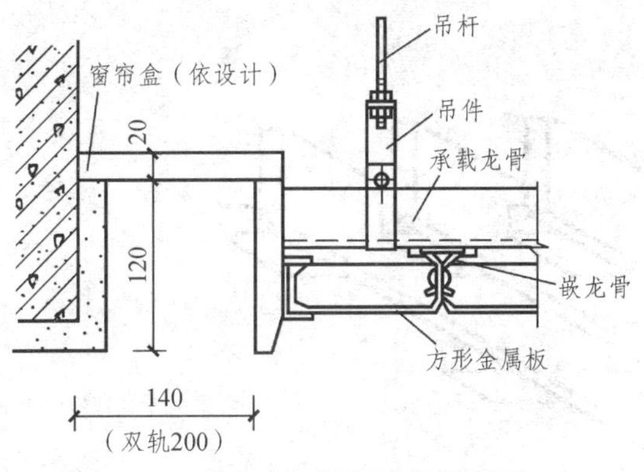

图 2-71　窗帘盒与吊顶连接示意图

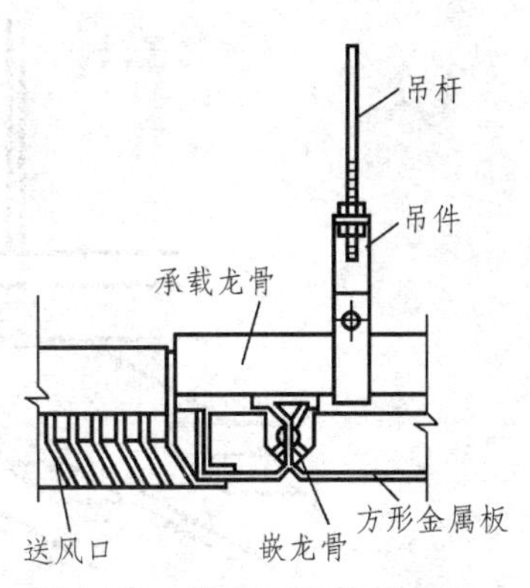

图 2-72　送风口连接示意图

2. 开敞式吊顶（图 2-73）

图 2-73　开敞式吊顶实物图片

开敞式吊顶的构造有两种形式：一种是将单体构件固定在骨架上；另一种是将单体构件直接用吊杆与结构相连，不用龙骨支撑，单体构件既是装饰构件，同时也能承受本身自重。

开敞式吊顶的单元体常采用木质、金属等材料制作。金属单元体构件的材质有铝合金、镀锌钢板等多种，铝合金单体构件质轻、耐用、防火防潮，比较常用。

1）木质开敞式吊顶

木质开敞式吊顶是将木质单体构建拼装成所需形式的单元体，然后将单元体按一般木工的操作方法，即开槽咬接、加胶钉接、开槽开榫加胶拼接或配以金属连接件加木螺钉连接等的一种吊顶制作方式，其构造示意见图 2-74、图 2-75、图 2-76 所示。

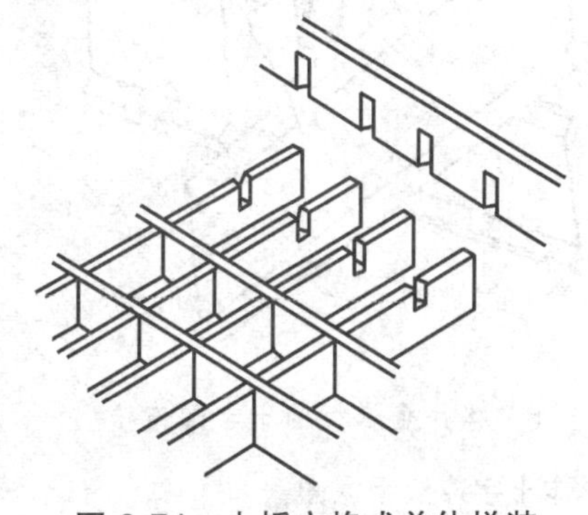

图 2-74　木板方格式单体拼装

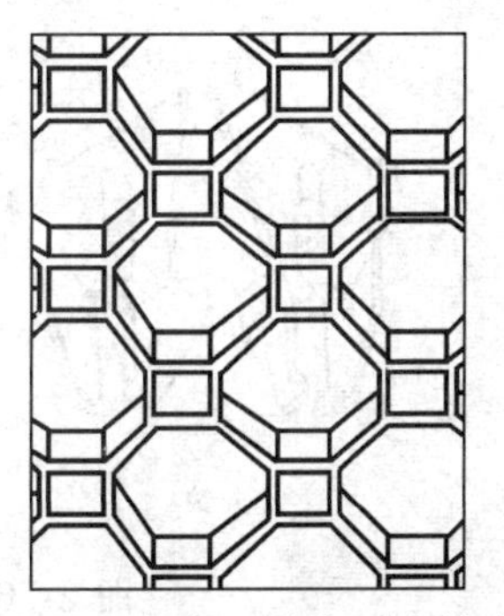

图 2-75　多边形与方形单体组合构造示意图

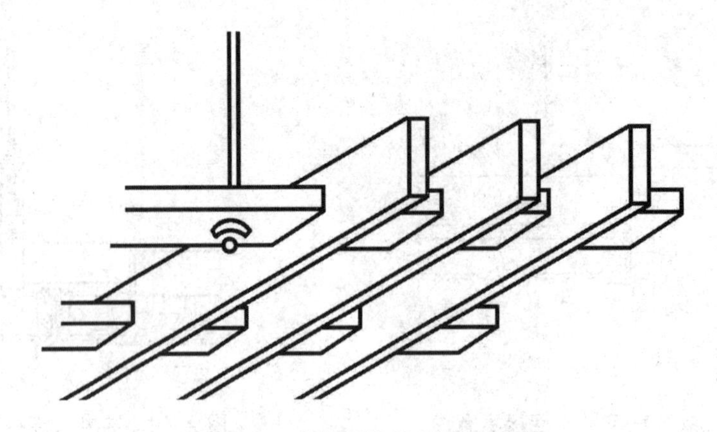

图 2-76　木条板拼装的开敞吊顶

2）金属格片型开敞式吊顶

格片型金属单体构件拼装方式较为简单，只需将金属格片按排列图案先裁锯成规定长度，然后卡入特制的格片龙骨卡口内即可，如图 2-77 所示。十字交叉式格片安装时，须采用专用特制的十字连接件，并用龙骨骨架固定其十字连接件，其连接示意如图 2-78 所示。

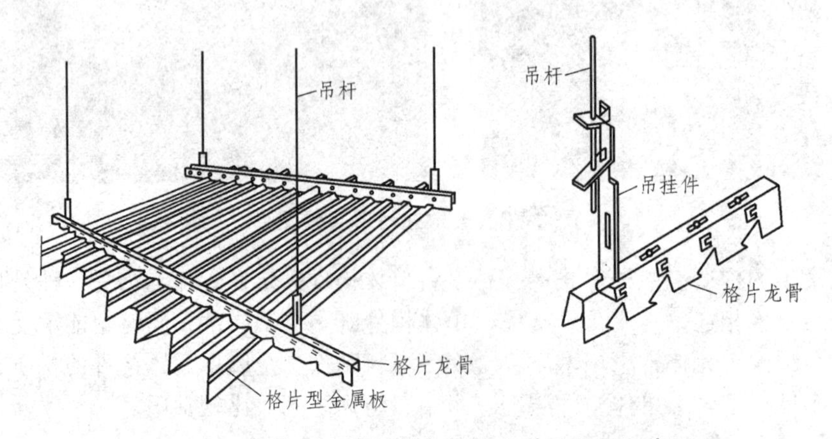

图 2-77　格片型金属板单体构件安装及悬吊示意图

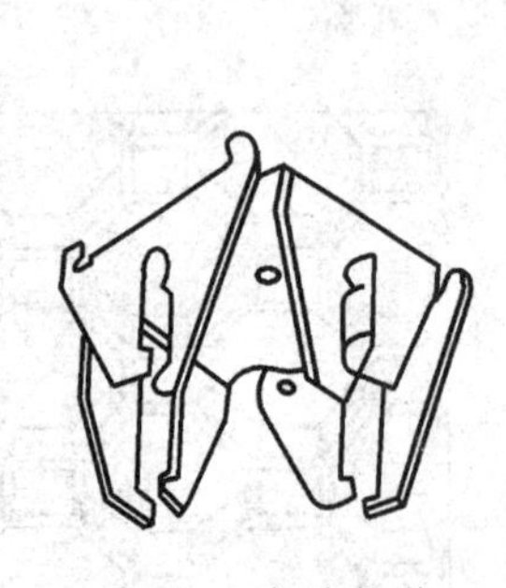

（a）十字连接件

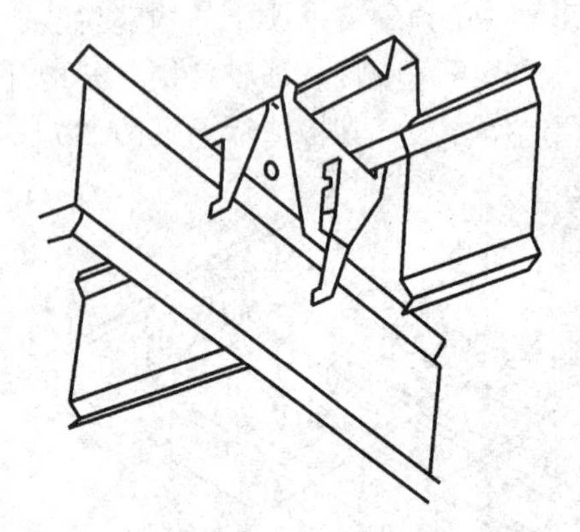

（b）格片金属板的十字形连接

图 2-78　格片型金属板的单体十字连接示意图

3）金属复合单板网络格栅型开敞式吊顶

金属复合单板网络格栅型开敞式吊顶是将单体构件进行拼装，再采用相应的连接件进行吊挂组合的一种吊顶制作方式，其单体构件拼装一般都是以金属复合吸声单板，通过特制的网络支架嵌插组成不同的平面几何图案，如三角形、纵横直线形、四边形、菱形、工字形、六角形等，或将两种以上几何图形组成复合图案，如图 2-79 ~ 图 2-82 所示。

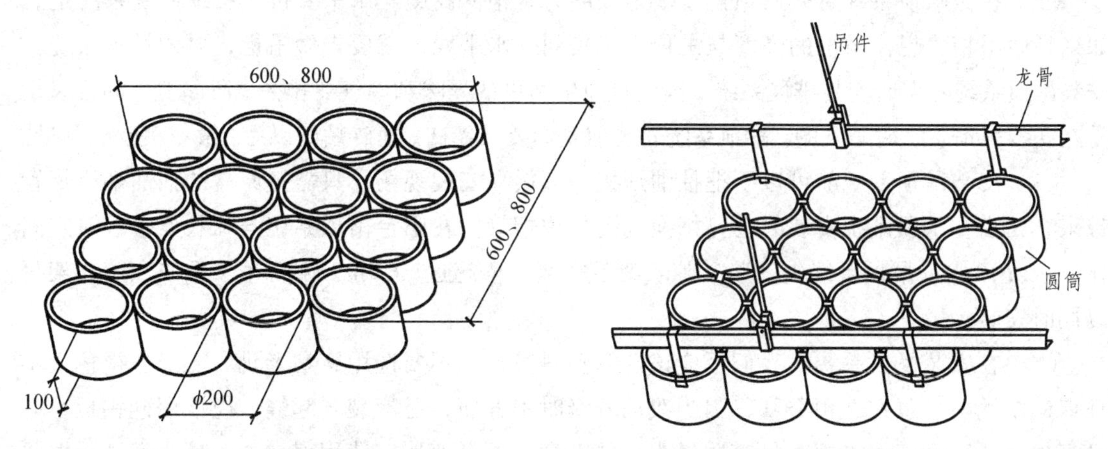

图 2-79　铝合金圆筒形天花板构造示意图　　图 2-80　铝合金圆筒形天花板吊顶基本构造示意图

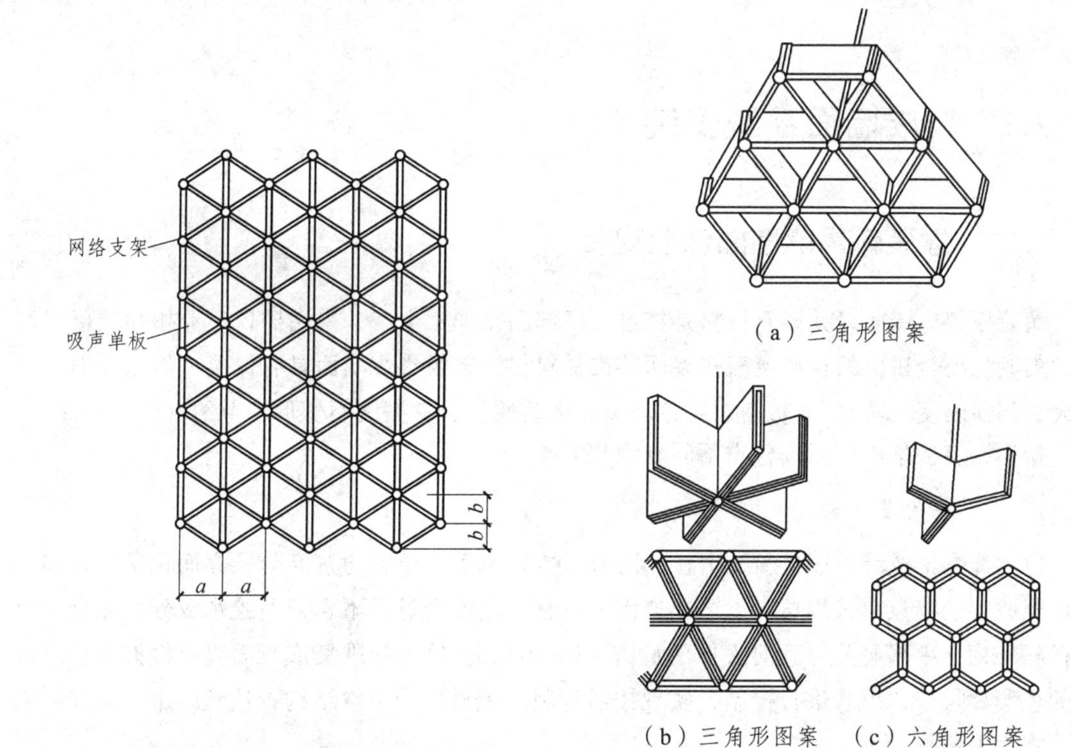

图 2-81　网络格栅型吊顶平面效果示意图　　图 2-82　利用网络支架作不同的插接形式

吊顶系统安装施工中需要注意的几个问题：

（1）吊顶系统安装施工中应用集成吊顶，因为集成吊顶能将取暖、排风、照明、吊顶四样组合在一起，可以让吊顶更有艺术造诣，增加实际功能价值。装饰公司吊顶时尽量吊高点，因为这样能封住管线，有足够空间安放电器。吊顶的最低距离为 6 ~ 11 cm，尽量不要低于这个距离。

（2）在做吊顶系统时先吊顶再装橱柜，因为厨柜的高度与水平要按照吊顶系统来决定。如果是做吊柜，想让吊柜的高度与吊顶系统是同一水平线，就要先做吊柜，再做吊顶系统。安装吊顶系统时需要安装排风系统，因为在卫生间里的异味和潮气要排去，所以卫生间排风扇是在安装吊顶系统时必安的。吊顶系统安装前我们要在墙砖、地砖贴好以后，做一次精准测量。

（3）安装吊顶系统前可以不把抽油烟机等都放在安装现场，只需把原有的抽油烟机烟管带来，因为在吊顶系统安装时会打好换气孔预埋烟管。在阳台吊顶系统与晾衣架安装时空间在 10 cm 以内，吊顶系统先安装，晾衣架后安装。但超过 16 cm，阳台吊顶系统和晾衣架可以同时安装。

（4）在安装吊顶系统时我们不应该选择塑料基材，不要选用容易老化、变形、褪色又不环保的塑钢板，也别选用石膏，因为改动升级时不方便，还易裂开起缝。应该用硅钙板，硅钙板保留了石膏板的美观，且其质量小、强度高、不易变形、使用寿命长、消声音及保温隔热等功能方面都比较优秀。

2.3 集成墙面系统安装

2.3.1 涂装板集成墙面饰面安装

涂装板集成墙面，其饰面材料是经过工厂部品化加工生产，采用插口、卡扣和楔接式设计，集成化组合拼接的新型装配式墙面装饰材料。涂装板集成墙面具有保温、隔热、隔音、防火、超强硬度、防水、 防潮、绿色环保、安装便利、易擦洗不变形、节约空间等特征。

新型涂装板集成墙面按材质不同分为几大类。

1. 竹木纤维集成墙面

竹木纤维集成墙面以竹粉、木粉、钙粉、PVC 料等为原料通过高分子界面化学原理和塑料填充改性的特点，采用挤压工艺制造而成，整个生产全过程不含任何胶水成分，完全避免了材料中由于甲醛释放导致对人体的危害（图 2-83）。竹木纤维集成墙面可以根据需要对产品的色彩、尺寸、形状进行控制，实现按需定制。板材采用中空结构，达到防水、防火、隔音、零甲醛的作用。

但是，竹木纤维是以 PVC 为主要成分，因此不能在有紫外线照射的地方安装，否则会容易老化，影响使用。

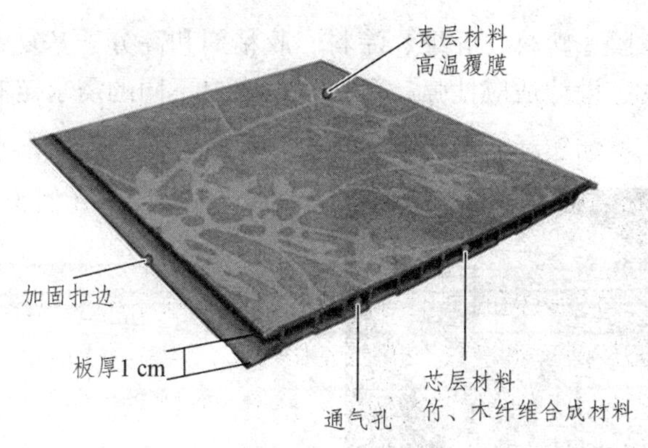

图 2-83 竹木纤维集成墙面材料

2. 铝合金集成墙面

铝合金集成墙面以铝合金为基材，与聚氨酯隔音发泡材料、防潮防蛀铝箔层压制而成（图 2-84）。除了拥有多种风格款式达到空间的美化作用之外，与竹木纤维集成墙面一样具有绿色环保，隔热、保温、节能，防火、防水、防潮，隔音，耐寒耐热，电绝缘等功能性作用。铝合金的厚度一般都不会很厚，表面又是金属，稍有刮擦或者磕碰，痕迹比较明显。如果有不小心碰凹了，修复比较难，需要整块换掉，所以在施工和搬运家具的过程要特别小心。还有一个最大的问题是，影响家里 wifi 信号和手机信号，铝合金的材质对 wifi 信号有反射作用，使其穿透性大大减弱。

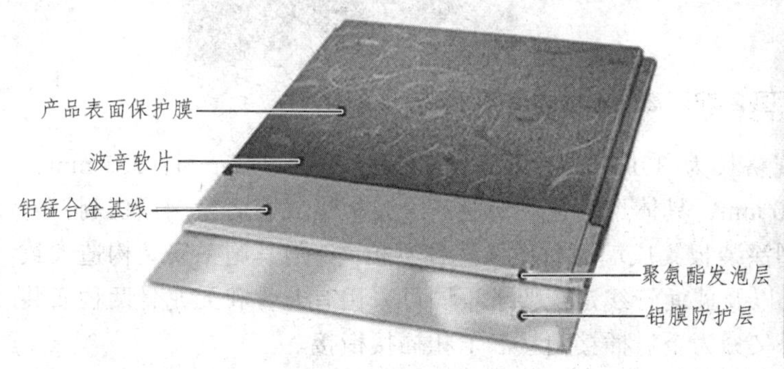

图 2-84 铝合金集成墙面材料

3. 生态石材集成墙面

生态石材集成墙面是采用天然大理石石粉加入食品级树脂材料共挤形成，平整度高，硬度高，柔韧性佳（图 2-85）。生态石材是对大理石纹理的再创，既拥有天然石材的色泽与纹理，又比传统石材等建筑装饰材料每平方米质量轻 2 ~ 3 倍，有效减少房屋整体结构的负荷承载力，更加安全。

4. 高分子集成墙面

以高分子化合物为基础材料，加入增强纤维，应用高科技工艺高温脱模处理，具有高致密性及超强抗腐性、防变形、不褪色、不发霉等优越性能（图 2-86）。高分子材料是由相对分子质量较高的化合物构成的材料，包括橡胶、塑料、纤维、涂料、胶粘剂和高分子基复合材料，其性能稳定、寿命长、成型工艺优越、设计适应性强，可以根据客户不同的需求定制不同的花色和款式。

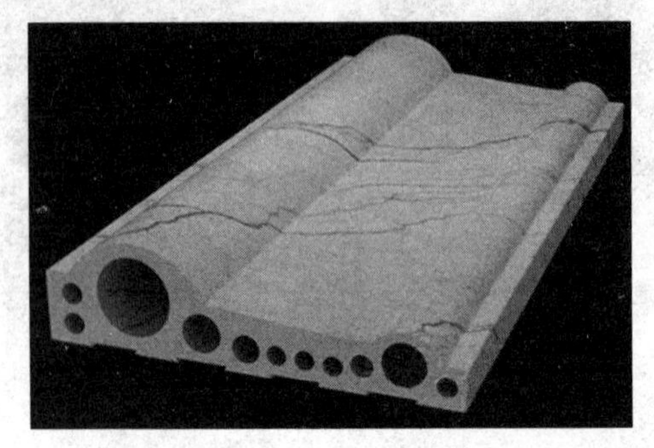

图 2-85　生态石材

图 2-86　高分子集成墙面材料

涂装板集成墙面标准板材规格长为 3 000 mm 和 6 000 mm，宽为 150 mm、285 mm、450 mm 等多个尺寸，板厚为 10 mm，具体尺寸也可定制。涂装板集成墙面为钢锯切割，允许尺寸误差为正负 1.5 mm。新型涂装板集成墙面材质虽然各不相同，但其施工安装构造大致相同，根据装饰墙面的平整程度以及墙面管线走线要求不同可采用有龙骨和无龙骨两种安装形式，根据板材的衔接方式不同又分为企口插接衔接和卡扣插接衔接。

构造做法：

（1）弹线分格。

（2）墙面固定防潮层、轻钢龙骨找平。

（3）根据测量切割装饰面材。

（4）安装集成饰面板。

（5）用烤瓷玻璃胶将材料对接时产生的缝隙填补好，完成收尾工作。

集成墙面施工如下所述。

1. 施工准备

1）材料准备

集成墙面饰面板、扣件、扣条、装饰线条、脚线、U 形轻钢龙骨、木龙骨、木工板、胶合剂、钢钉、枪钉、防火涂料等（图 2-87）。

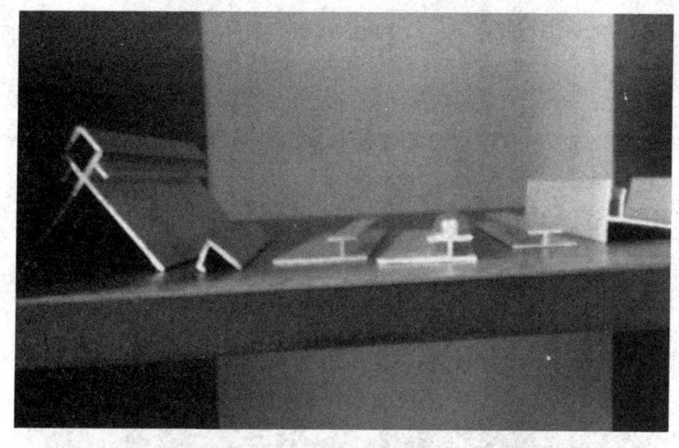

图 2-87　集成墙面常用扣条、脚线

饰面板的品种、规格和性能应符合建筑装饰设计要求。饰面板表面应平整洁净、色泽一致、无裂缝、缺损等缺陷。装饰线的品种、规格及外形应符合建筑装饰设计要求。检查产品合格证书、性能检测报告和进场验收记录。

2）施工机具准备

红外线垂直仪、水平仪、美工刀、台式切割机（选用转速较高锯齿形锯片）、研磨机（锯齿形锯片）、直角尺、卷尺、三角锉刀、曲线锯、3P 气泵、气钉枪、水泥直钉枪、冲击钻、磨光机、木工刨、榔头。

3）施工条件准备

（1）室内地面、天棚业已吊装完毕。

（2）隐蔽在墙内（无龙骨）或墙上（有龙骨）的各种设备管线、开关、插座等设备底座提前安装到位，装嵌牢固，其表面应与罩面的装饰板底面齐平，经检验符合设计要求。

（3）墙面平整度检测。用长直线尺对墙面水平垂直度检测，无龙骨安装允许最大的偏差≤5 mm。用红外线垂直仪测量对墙面的阴阳角测垂直，最大偏差小于≤5 mm。

2. 施工流程

墙面测量—弹线分格—固定龙骨—切割材料—安装饰面板—收口处理。

3. 操作要点

1）集成墙面安装测量计算（图 2-88）

根据设计方案测量材料用量，同一墙体内保证 2 片备料，背景墙需要拼接大量处多备

0.5 m^2 余料。由于背景墙使用尺寸不规整，核算过程中在保证美观度的同时，对长度也要进行适当调整，能尽量地保证在安装过程中省去不必要的损耗。

图 2-88　测量墙面、检查墙面平整度

2）弹线分格（图 2-89）

图 2-89　弹线分格

（1）根据集成墙面的花形确定龙骨的敷设方式，一般是以水平或垂直为主；采集建筑物外形尺寸，确定起步位置和板缝连接位置，分别弹出水平线和垂直线。

（2）将实际的建筑物的外形尺寸和集成墙面的长度确定龙骨位置后，在建筑墙面弹竖直线或水平线。

（3）墙面高度大于 3 m，龙骨间距一般选择 400 ~ 500 mm；当高度小于 3 m 时，间距控制在 500 ~ 600 mm；按照分格弹线的位置，挂垂直于水平控制线。

3）固定龙骨、防潮层

集成墙面龙骨一般选择 U 形或 C 形轻钢龙骨，由钢钉直接固定于墙面。龙骨固定方向由饰面板的拼接方向决定，饰面板竖向拼接，龙骨则横向固定，反之则竖向固定（图 2-90）。有特殊要求或特殊造型根据需要使用木龙骨、木工板或者使用九厘板制作基底造型，木龙骨（规格 30 mm × 40 mm）无节疤、无开裂，干燥无变形，木契钢钉固定，喷涂防火涂料。

如果墙面平整度较高，且各种设备管线、设备底座为隐蔽在墙内的，则可不需要龙骨，饰面材料可直接用扣件固定于墙面。

图 2-90　墙面固定轻钢龙骨

4）材料切割（图 2-91）

装配式墙面饰面安装前需对装修的墙体做长宽测量后，根据装修图纸按指定长度切割。切割时可稍微大于实际长度 0.1 ~ 0.5 mm 切割，以免实际装修时发生材料短缺。材料整体切割时应对电气开关、插座面板等定位开孔，切割时截面要求光滑平整，若截面毛刺过大则需将毛刺磨平。

图 2-91　材料测量与切割

5）安装饰面板

集成墙面安装是以扣件或扣条固定于墙上，其安装的顺序为：先顶后墙，先板后线，自下而上，从外往里。

（1）先顶后墙是指先安装吊顶再安装墙面。有龙骨墙面在墙面安装时需先用金属扣条或扣件固定在轻钢龙骨上，以后每安装一块饰面材料，一边扣在前一根金属扣条上，另一边用金属扣条固定在龙骨上，依次进行（企口插接式面板安装第一块板材时，需在入槽位饰面射钉固定，射钉点应该选在视线盲区及装饰收编线条覆盖范围内，以隐蔽射钉点）（图

2-92）。安装时要注意整体的画面设计，根据预先设计好的图纸安装。无龙骨墙面在安装时需先分格弹线，再用卡扣固定在墙面上，以后每安装一块饰面材料，该面材一边扣在前一块集成墙面上，另一边用金属扣件固定在墙上。集成墙面板插接时，材料卡槽之间要求卡紧，不能留有缝隙，若有缝隙应采用橡胶锤轻轻敲击至拼缝最小状态，材料与材料对接处要求平整、严缝。

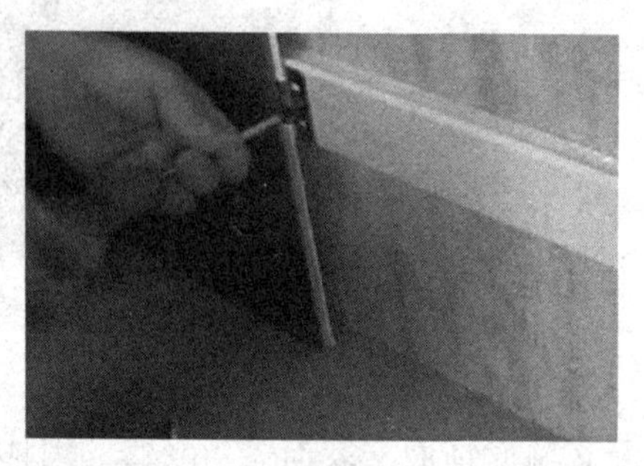

图 2-92　卡扣固定罩面板

（2）先板后线是指先安装主要的板材，再安装线条，先大面积安装，再处理转角、收边等细节。如果遇到立柱，可采用背面开槽的方法将立柱包住（图 2-93、图 2-94）。

图 2-93　V 形刀片修边机背面开槽

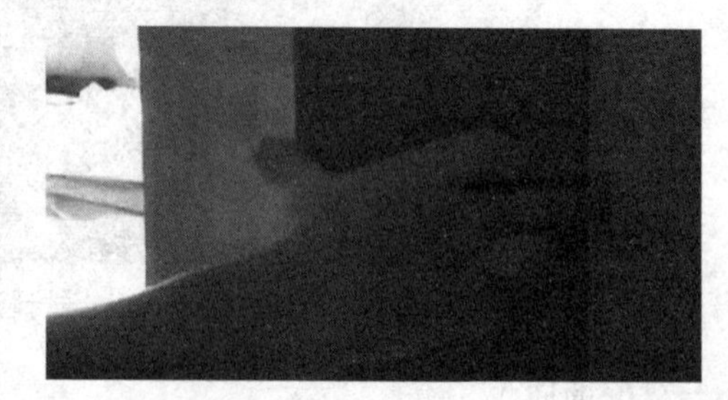

图 2-94　罩面板包立柱

（3）自下而上是指安装墙面时，需要先从墙底开始安装，逐渐往上增加，直到安装完整个墙面。

（4）从外往里是指从房间进门的墙面开始往里的顺序安装，这是因为安装到需要切割部分，从外往里安装更加的美观。

（5）配套线条安装。踢脚线、收口条、装饰线条以扣条固定（图 2-95、图 2-96、图 2-97）。

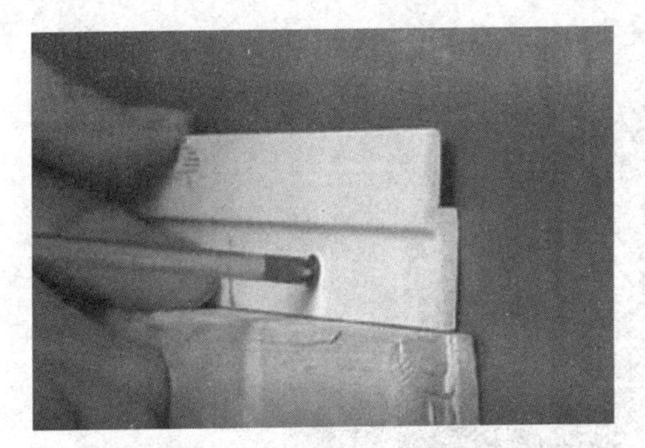

图 2-95　螺丝钉固定装饰

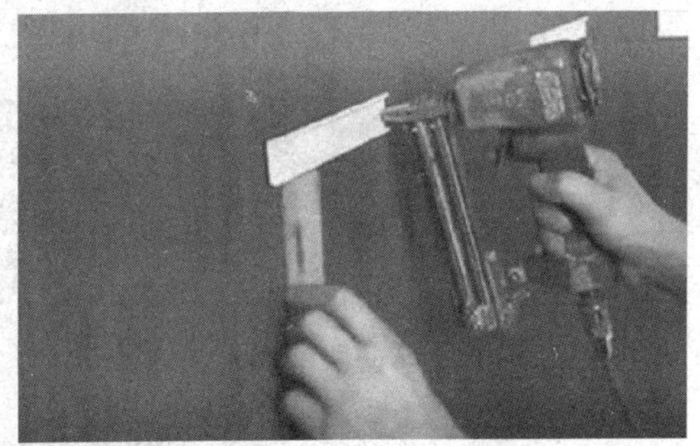

图 2-96　气钉枪固定装饰

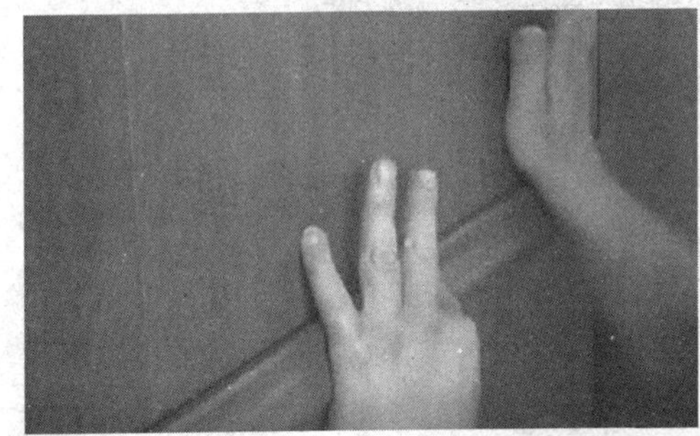

图 2-97　踢脚线、腰线扣接安装

装修结束后用烤瓷玻璃胶将材料对接时产生的缝隙填补好。装修中注重细节上的处理（图 2-98、图 2-99）。

图 2-98　工字形扣条固定平口罩面板

图 2-99　金属扣件固定企口罩面板

4. 欧式企口竹木纤维集成墙面拼装示意图

1）墙面弹线分格（图 2-100）

图 2-100　墙面弹线分格

2）用扣件固定踢脚线（图 2-101）

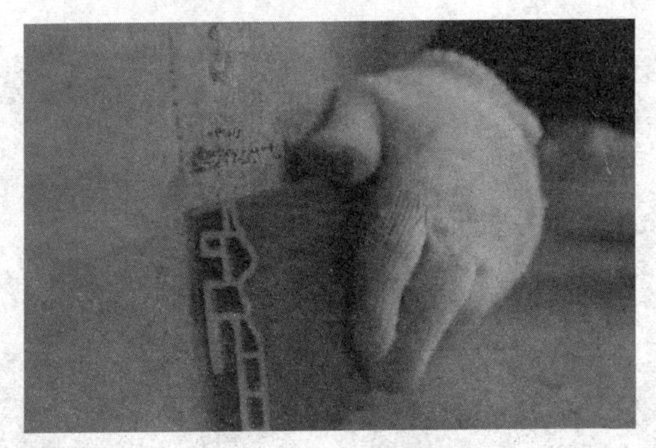

图 2-101　固定踢脚线

3）固定第一块下墙板（图 2-102）

图 2-102　固定墙板

4）企口插接拼装其余下墙板（图 2-103）

图 2-103　拼接墙板

5）安装腰线（图 2-104）

图 2-104　安装腰线

6）安装上墙板（图 2-105）

图 2-105　安装上墙板

7）安装顶角线（图 2-106）

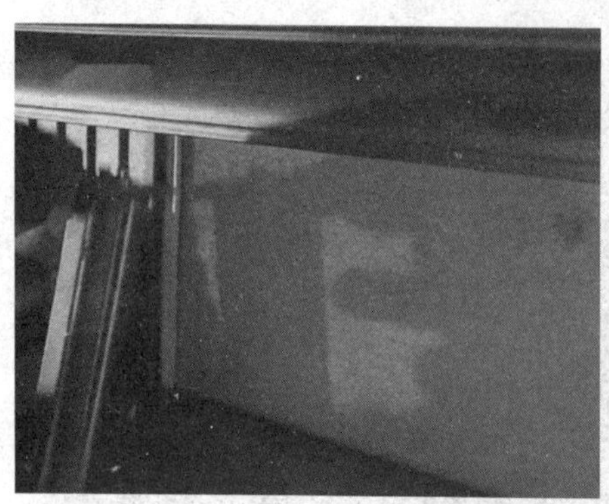

图 2-106　安装顶角线

8）完成（图 2-107）

图 2-107　成品样例

2.3.2　实木集成墙面饰面安装

实木集成墙面又称木挂板，全称为木质成品装饰挂板，是在装修过程中制作涉及木制材料、木工、油漆的木制成品装饰构件，广泛应用于别墅、多层或高层公寓楼、办公楼及娱乐场所的墙面装饰、装修，有隔音、保温的作用，特殊材料、特殊工艺挂板的还具有一定的防火作用（图 2-108）。

图 2-108　实物图片

首先，它能够解决建筑工地直接对木板进行喷漆所造成的环境污染，实木集成墙面饰面板是直接利用成品，已经喷漆好的，可以直接使用安装，不需要直接喷涂，也不需要等待油漆气味的散发，所以相比其他的当场喷漆木板，具有环保安全的优点。其次，这种木板没有普通木板在喷漆时容易遇到的流挂现象，能够很好地避免现场喷涂时的各种可能出现的不良症状。因为油漆在对木板进行喷漆的时候，如果过厚，那么挂板的质感和平整度都会受到一定程度的影响，如果太薄，又会担心其产生流挂。而使用木挂板则不用担心以上所说的这些情况。

此外，由于使用的是成品，所以不用担心木工现场制作时的拼接效果如何，因为对称效果和平整度都已经得到了良好的控制和适当的调整。最令消费者感到贴心的是，使用木挂板的时候，建筑装饰设计师能够直接前往现场观看，根据建筑的装修风格设计挂板的颜色搭配、款式样子等，使得安装后的装饰效果跟预想的完全一致，避免装修遗憾的产生。与普通的油漆木板相比，这种挂板具有良好的防变形能力。

1. 实木集成墙面饰面板分类

（1）按材质分：实木装饰管板（基层为原木板）、多层装饰挂板（基层板为多层板）、奥松板装饰挂板（基层板为高密度板）、三聚氰胺装饰挂板（表面贴三聚氰胺）。

（2）按造型分：平面装饰挂板（装饰挂板表面平整）、异形装饰挂板（装饰挂板表面有凹凸，异形装饰挂板一般都是非标准挂板）。

（3）按尺寸分：标准装饰挂板、非标准装饰挂板（标准与非标准的区别就是看挂板制作时一块板材的利用率）。

（4）按功能分：防火装饰挂板（基层板为防火材质，如特殊的奥松板）、普通装饰挂板（一般家庭装饰用的挂板，基层为细木工板或实木）。

2. 构造做法

实木集成墙面的安装方法一般为胶钉结合固定和卡扣插接固定两种。

（1）墙体固定防潮层。

（2）固定木骨架或金属骨架。

（3）在骨架上钉面板（或钉垫层板再做饰面材料）。

（4）卡扣或胶钉结合固定各种饰面板。

现代企口成品木挂板施工，如遇墙面较为平顺，且无凹凸者，可直接在清水墙面设置防潮层，以金属扣件直接将扣板固定于墙面，无需龙骨。

3. 施工流程

弹线分格—拼装木龙骨架—墙体钻孔、塞木楔—墙面防潮—固定龙骨架—铺钉罩面板—收口处理。

（1）材料准备：

木质饰面板、木装饰线、龙骨材料、胶合剂、铁钉、枪钉、防火涂料等。

饰面板的品种、规格和性能应符合建筑装饰设计要求。木龙骨、木饰面板的燃烧性能等级应符合设计要求。饰面板表面应平整洁净、色泽一致、无裂缝、缺损等缺陷。木装饰线的品种、规格及外形应符合建筑装饰设计要求。检查产品合格证书、性能检测报告和进场验收记录。

（2）施工机具准备：

冲击钻、气钉枪、锯子、刨子、凿子、平铲、水平尺、线坠、墨斗、平尺、锤子、角尺、花色刨、冲头、圆盘锯、机刨、刷子、美工刀、毛巾等。

（3）施工条件准备：

隐蔽在墙内的各种设备管线、设备底座提前安装到位，装嵌牢固，其表面应与罩面的装饰板底面齐平，经检验符合设计要求。

室内木装修必须符合防火规范，其木结构墙身需进行防火处理，应在成品木龙骨或现场加工的木筋上以及所采用的木质墙板背面涂刷防火涂料（漆）不少于3道。目前常用的木构件防火涂料有膨胀型乳胶防火涂料、A60-1改性氨基膨胀防火涂料和YZL-858发泡型防火涂料等。

室内吊顶的龙骨架业已吊装完毕。

4. 操作要点

（1）弹线分格：依据设计图、轴线在墙上弹出木龙骨的分档、分格线。竖向木龙骨的间距，应与胶合板等块材的宽度相适应，板缝在竖向木龙骨上。饰面的端部必须设置龙骨。

（2）拼装木龙骨架：木墙身的结构通常使用25 mm × 30 mm的方木，按分档加工出凹槽榫，在地面进行拼装，制成木龙骨架。在开凹槽榫之前应先将方木料拼放在一起，刷防腐涂料，待防腐涂料干后，再加工凹槽榫。

拼装木龙骨架的方格网规格通常是300 mm × 300 mm或400 mm × 400 mm（方木中心线距离）。

对于面积不大的木墙身，可一次拼成木骨架后，安装上墙。对于面积较大的木墙身，可分做几片拼装上墙。

木龙骨架做好后应涂刷3遍防火涂料（漆）。

（3）墙体钻孔、塞木楔：用ϕ16 mm ~ ϕ20 mm的冲击钻头，在墙面上弹线的交叉点位置钻孔，钻孔深度不小于60 mm，钻好孔后，随即打入经过防腐处理的木楔。

（4）墙面防潮：在木龙骨与墙之间要干铺油毡防潮层，以防湿气进入而使木墙裙、木墙面变形。

（5）固定龙骨架：立起木龙骨靠在墙面上，用吊垂线或水准尺找垂直度，确保木墙身垂直。用水平直线法检查木龙骨架的平整度。待垂直度、平整度都达到后，即可用圆钉将其钉固在木楔上。钉圆钉时配合校正垂直度、平整度，在木龙骨架下凹的地方加垫木块，垫平整后再钉钉。

木龙骨与板的接触面必须表面平整，钉木龙骨时背面要垫实，与墙的连接要牢固。

（6）铺钉罩面板：

① 用15 mm枪钉将胶合板固定在木龙骨架上。

② 新型的木质企口板材护墙板，首先用金属挂件固定踢脚线，根据要求从下向上、从左至右进行企口拼接嵌装，依靠异形板卡或带槽口压条进行连接，避免了面板上的钉固工艺，饰面平整美观。

（7）收口处理：

① 罩面板的端部、连接处应做收口细部处理。

② 木板条和装饰线按分格布置钉成压条，称为：冒头、腰带、立条。

③ 木护墙板顶部收口：可钉冒头处理或与顶棚连接用装饰线收口。

钉冒头时应拉线找平，压顶木线规格尺寸要一致，木纹、颜色近似的钉在一起。压条接头应做暗榫，线条需一致，割角应严密。

④ 实木护墙板不设腰带和立条时，应考虑并缝的处理方式。一般有 3 种方式：平缝、八字缝、装饰压线条压缝，如图 2-109 所示。当用实木板做护墙板时，也可采用图 2-110 所示的拼缝形式。

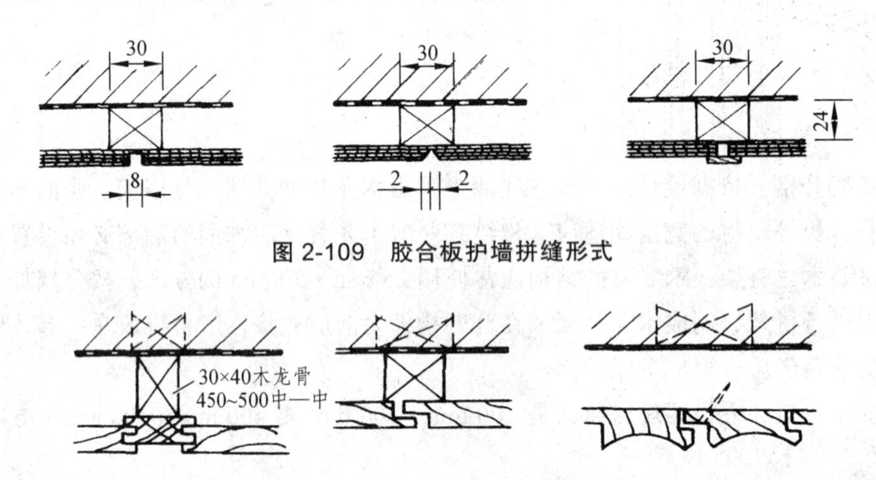

图 2-109　胶合板护墙拼缝形式

图 2-110　实木板护墙拼缝形式

⑤ 木踢脚线：踢脚线具有保护墙面、分隔墙面和地面的作用，使整个房间上、中、下层次分明。首先在墙面固定金属扣条，再将涂有木工专用胶的实木踢脚线卡入扣条卡槽内，卡紧压实。

⑥ 在木墙裙、木墙面的上、下部位应有 ϕ12 mm 的通气孔；在木龙骨上也要留出竖向的通气孔，使内部水汽排出，避免木墙面受潮变形（图 2-111）。

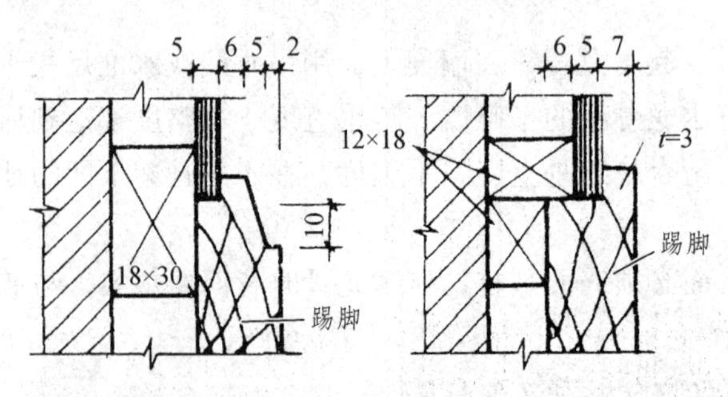

图 2-111　木护墙板与踢脚交接构造

集成木挂板在工艺要求不高或墙面平整度较好的情况下，也可不做背板，可在光滑的清水墙面采用扣件插接固定的方式直接拼装面板。

5. 其他实木集成饰面墙面构造

1）硬木格条墙面

采用特殊断面的硬木条所做的墙面装饰，如图 2-112 所示。

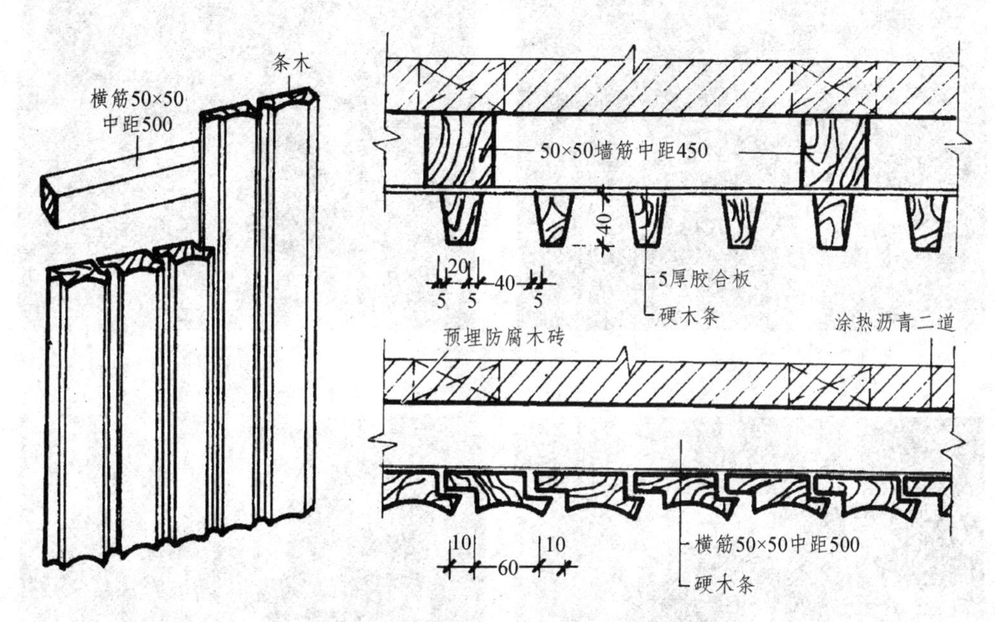

图 2-112 硬木格条墙面构造示意图

2）吸声木墙面

对于有吸声要求的木护壁，可在面板上打孔，在骨架间填玻璃棉、矿棉、石棉或泡沫塑料等吸声材料，如图 2-113 所示。

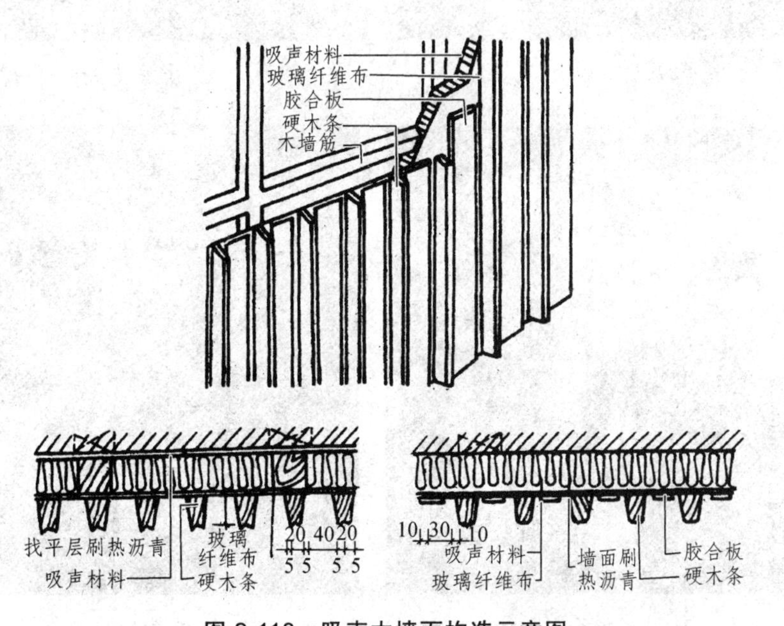

图 2-113 吸声木墙面构造示意图

6. 实木集成墙面饰面板安装示意图（图 2-114）

烘干面漆

板材编号

木基层定位

挂条安装

固定挂条

预留工艺槽

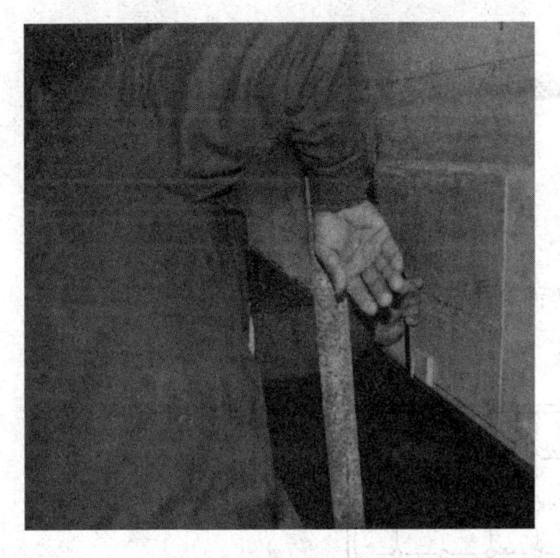

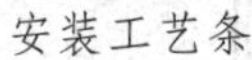

安装工艺条　　　　工艺条安装效果

图 2-114　实木集成墙面安装过程

2.3.3　软包集成墙面安装

墙面软包作为墙面高档装饰面材有预制块安装法、压条法、平铺泡钉压角法等做法，装配式施工一般采用预制软包部品安装法（图 2-115）。

图 2-115　软包集成墙面实物图片

1. 构造做法

在建筑基体表面进行软包时，其墙筋木龙骨一般采用 30 mm × 50 mm ~ 50 mm × 50 mm 断面尺寸的木方条，钉子预埋防腐木砖或钻孔打入木楔上。木砖或木楔的位置，亦即龙骨排布的间距尺寸，可在 400 ~ 600 mm 单向或双向布置范围调整，按设计图纸的要求进行分格安装。龙骨应牢固地钉装于木砖或木楔上。

皮革和人造革（或其他软包面料）软包有吸声软包和非吸声软包两种做法，其饰面的固定方式可选择成卷铺装或分块固定等不同方式；此外，由设计选用确定（图 2-116）。

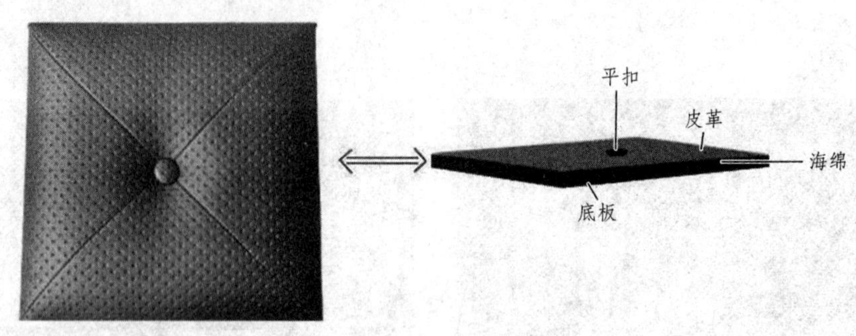

（a）软包预制块

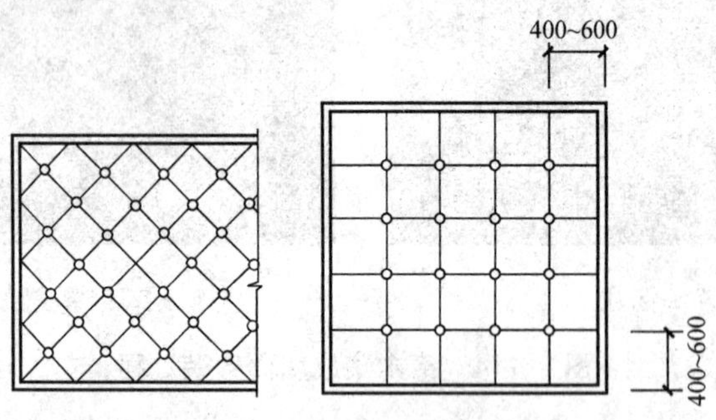

（b）软包饰面分格示意图

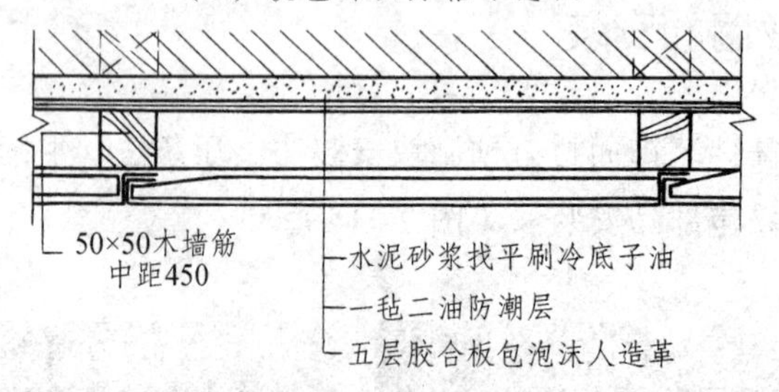

（c）非吸声软包构造示意图

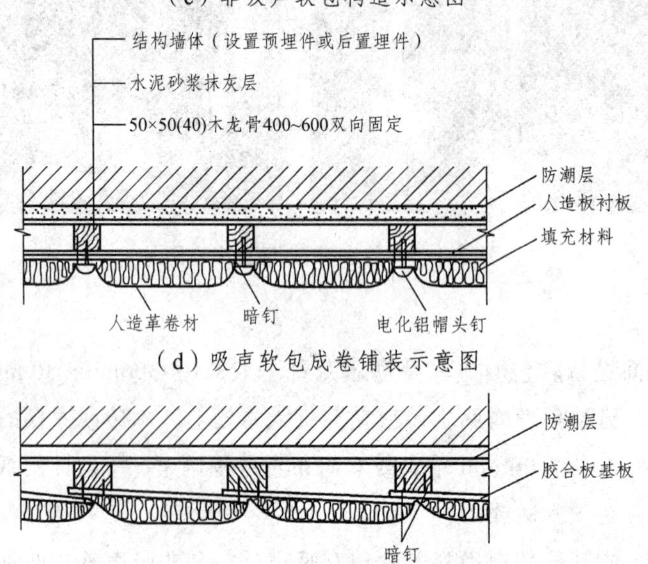

（d）吸声软包成卷铺装示意图

（e）吸声软包分格固定安装示意图

图 2-116 常见软包构造示意图

2. 施工工艺

1）施工准备

（1）材料准备：

龙骨材料、底板材料、成品软包饰面板、饰面金属压条及木线、防潮材料、胶粘剂、铁钉、电化铝帽头钉等。

① 龙骨一般用白松烘干料，含水率不大于12%，厚度应根据设计要求，不得有腐朽、节疤、劈裂、扭曲等疵病，并预先经防腐处理。软包墙面木框、龙骨、底板、面板等木材的树种、规格、等级、含水率和防腐处理必须符合设计图纸要求。

② 成品软包芯材、边框及面材的材质、颜色、图案、燃烧性能等级应符合设计要求及国家现行标准的有关规定，具有防火检测报告。普通布料需进行两次防火或处理，并检测合格。

芯材通常采用阻燃型泡沫塑料或矿渣棉，面材通常采用装饰织物、皮革或人造革。

③ 胶粘剂的选用一般不同部位采用不同胶粘剂。

（2）施工机具准备：

手电钻、冲击电钻、刮刀、裁织物布和皮革工作台、钢板尺（1 m长）、卷尺、水平尺、方尺、托线板、线坠、铅笔、裁刀、刮板、毛刷、排笔、长卷尺、锤子等。

（3）施工条件准备：

① 结构工程已完工，并通过验收。

② 室内已弹好 + 50 cm 水平线和室内顶棚标高已确定。

③ 墙内的电器管线及设备底座等隐蔽物件已安装好，并通过检验。

④ 室内消防喷淋、空调冷冻水等系统已安装好，且通过打压试验合格。

⑤ 室内的抹灰工程已经完成。

2）工艺流程

弹线、分格—钻孔、打木楔—墙面防潮—装钉木龙骨—铺钉木基层—铺装预制软包饰面板—线条压边。

3）操作要点

装配式软包墙面的做法是采用预制板组装法，预制板组装是先预制软包拼装块，再拼装到墙上的。

预制板组装法施工：

（1）弹线、分格：依据软包面积、设计要求、铺钉的木基层胶合板尺寸，用吊垂线法、拉水平线及尺量的办法，借助 + 50 cm 水平线确定软包墙的厚度、高度及打眼位置。分格大小为 300 ~ 600 mm 见方。

（2）钻孔、打木楔：孔眼位置在墙上弹线的交叉点，孔深 60 mm，用 $\phi16$ ~ $\phi20$ 冲击钻头钻孔。木楔经防腐处理后，打入孔中，塞实塞牢。

（3）墙面防潮：在抹灰墙面涂刷冷底子油或在砌体墙面、混凝土墙面铺油毡或油纸做防潮层。涂刷冷底子油要满涂、刷匀，不漏涂；铺油毡、油纸，要满铺，铺平、不留缝。

（4）装钉木龙骨：将预制好的木龙骨架靠墙直立，用水准尺找平、找垂直，用钢钉钉在木楔上，边钉边找平，找垂直。凹陷较大处应用木楔垫平钉牢。

木龙骨大小一般选用（20 ~ 50）mm ×（40 ~ 50）mm，龙骨方木采用凹槽榫工艺，制作成龙骨框架。做成的木龙骨架应刷涂防火漆。木龙骨架的大小，可根据实际情况加工成一片，或几片拼装到墙上。

（5）铺钉木基层：木龙骨架与胶合板接触的一面应平整，不平的刨光。用气钉枪将三夹板钉在木龙骨上。钉固时从板中向两边固定，接缝应在木龙骨上且钉头设入板内，使其牢固、平整。三夹板在铺钉前，应先在其板背涂刷防火涂料，涂满、涂匀。

（6）铺装预制软包饰面板：在木基层上按设计图画线，标明软包预制块及装饰木线（板）的位置。将软包预制块用塑料薄膜包好（成品保护用），镶钉在软包预制块的位置。用汽枪钉钉牢。每钉一颗钉用手抚一抚织物面料，使软包面既无凹陷、起皱现象，又无钉头挡手的感觉。连续铺钉的软包块，接缝要紧密，下凹的缝应宽窄均匀一致且顺直。塑料薄膜待工程交工时撕掉。

集成墙面安装验收：

（1）安装完毕后，对集成墙面进行验收，检查平板材料接缝是否整齐，收口是否完全，不影响美观。

（2）其次看材料固定是否牢固，贴墙处材料有没有空洞现象，颜色搭配是否合理等问题，若有不适合的，尽早修改（图 2-117）。

图 2-117　面材拼装完成效果

注意事项：

（1）直角处折弯，在折弯过程中，折弯线必须将墙体厚度计算在内（例如：柱子直角折弯，第一片材料距离直角处 5 cm，折弯线在突出部位，折弯线应在 5.8 cm 处，以此类推）。折弯过程中注意，先画折弯线，再取聚氨酯材料，一般在 8 mm 左右。折弯尽量保持平直。集成墙面进行折弯后，连接点尽量做粘结处理。

（2）在施工过程中，严禁在材料装饰面打气枪钉，必须按规范将枪钉钉在卡槽内。

（3）在装修中不得使用油漆、涂料等材料。在已安装的部分严禁堆放、依靠杂物，以免对已装修完的部分造成损坏。

（4）施工过程中，严禁在材料表面敲打，以免造成破坏。

（5）一般情况下，材料拼接整齐后，无须再进行收口，但由于实际安装环境和地区木工安装水平的差异，造成收口过大，此时需要角线处理。

2.4　轻质隔墙系统安装

隔墙与隔断都是具有一定功能或装饰作用的建筑配件，且都为非承重构件。隔墙与隔断的主要功能是分隔室内或室外空间。设置隔墙与隔断是装饰设计中经常运用的对环境空间重新分割和组合、引导与过渡的重要手段，在构造上要求隔墙和隔断要自重轻、厚度薄，且刚度要好。

隔墙、隔断的形式目前常见的有立筋式、板材式、砌块式以及配件式等，装配式轻质隔墙主要采用轻钢龙骨隔墙和大幅面板条式隔墙。

2.4.1　轻钢龙骨隔墙

1. 构造做法

不同类型、不同规格的轻钢龙骨，可以组成不同的隔墙骨架构造。一般是用沿地、沿顶龙骨与沿墙、沿柱龙骨（用竖龙骨）构成隔墙边框，中间立若干竖向龙骨，它是主要承重龙骨。竖向龙骨两固定 C 形横撑龙骨用于加强结构和固定集成墙面饰面板；有些类型的轻钢龙骨，还要加通贯横撑龙骨和加强龙骨，竖向龙骨间距不大于 600 mm；当隔墙高要增高，龙骨间距也应适当缩小。

轻质隔墙有限制高度，它是根据轻钢龙骨的断面、刚度和龙骨间距、墙体厚度、石膏板层数等方面的因素而定。

轻钢龙骨隔墙一般构造说明：

（1）沿地龙骨、沿顶龙骨、沿墙龙骨和沿柱龙骨，统称为边框龙骨。边框龙骨和主体结构的固定，一般采用射钉法，即按间距不大于 1 m 打入射钉与主体结构固定，也可以采用电钻打孔打入膨胀螺栓或在主体结构上留预埋件的方法固定（图 2-118）。竖龙骨用拉铆钉与沿地龙骨和沿顶龙骨固定（图 2-119），也可以采用自攻螺钉或点焊的方法连接。

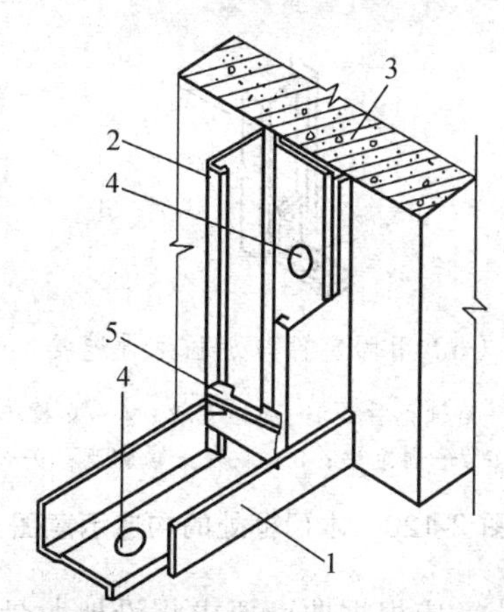

1—沿地龙骨；2—竖向龙骨；3—墙或柱；4—射钉及垫圈；5—支撑卡。

图 2-118　沿地、沿墙龙骨与墙、地固定示意图

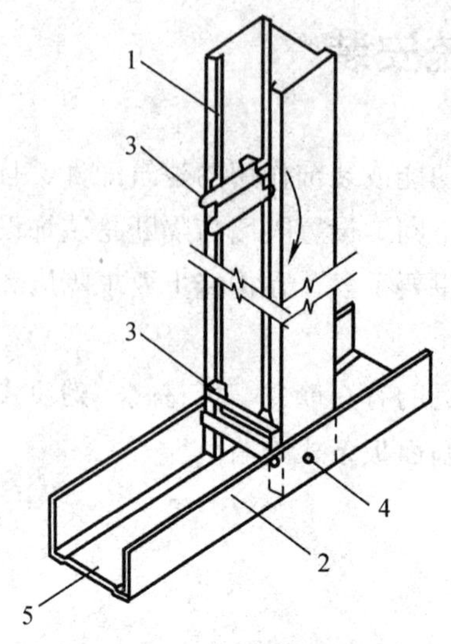

1—竖向龙骨；2—沿地龙骨；3—支撑卡；4—铆孔；5—橡皮条。

图 2-119 竖向龙骨与沿地龙骨固定示意图

（2）门框和竖向龙骨的连接，根据龙骨类型不同有多种做法，有采取加强龙骨与木门框连接的做法，也有用木门框两侧框向上延长，插入沿顶龙骨，然后固定于沿顶龙骨和竖龙骨上的，也可采用其他固定方法（图 2-120）。

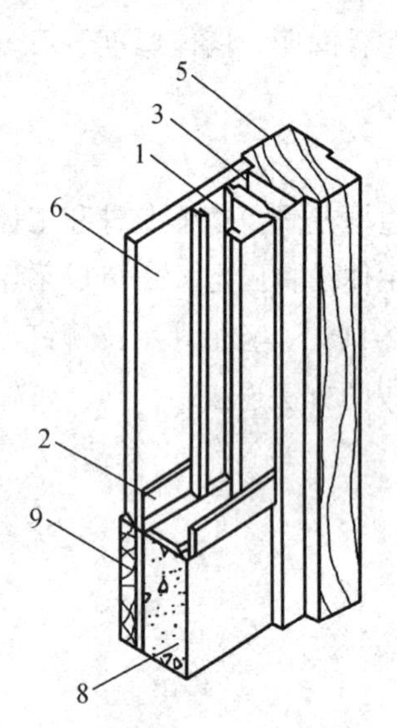

（a）木门框处下部构造

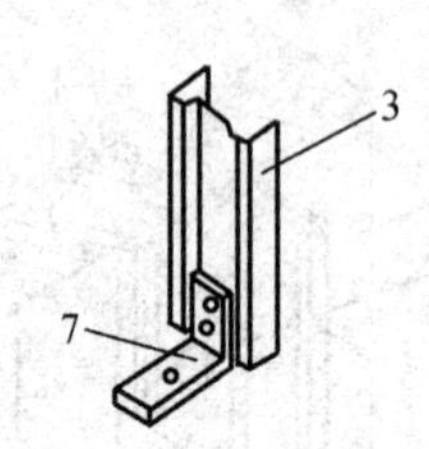

（b）用固定件与加强龙骨连接

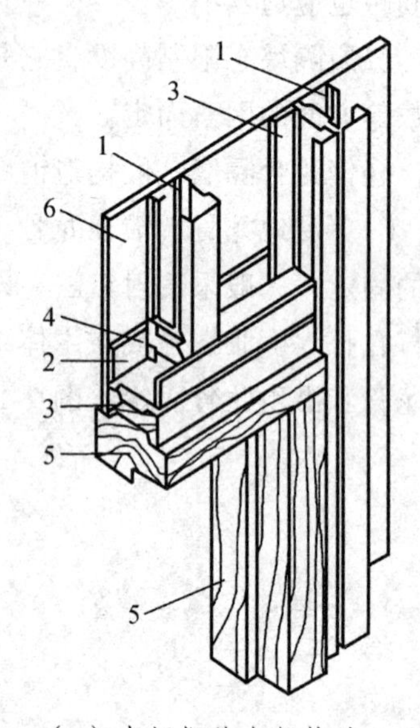

（c）木门框处上部构造

1—竖向龙骨；2—沿地龙骨；3—加强龙骨；4—支撑卡；5—木门框；
6—石膏板；7—固定件；8—混凝土踢脚座；9—踢脚板。

图 2-120 木门框处的构造示意图

（3）圆曲面隔墙墙体的构造，应根据曲面要求将沿地龙骨、沿顶龙骨切锯成锯齿形，固定在顶面和地面上，然后按较小的间距（一般为 150 mm）排立竖向龙骨（图 2-121）。

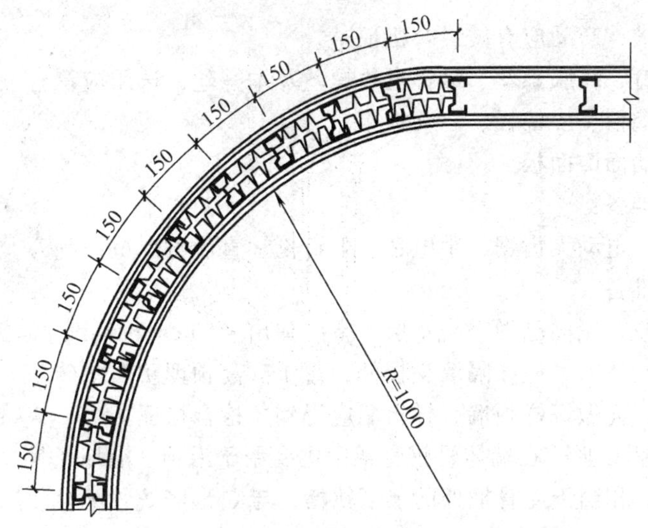

图 2-121 圆曲面隔墙轻钢龙骨构造示意图

（4）装配式轻钢龙骨隔墙，其 U 形横向龙骨既有链接面板的作用，又有加强结构的作用，所以一般不再单独设置贯通龙骨。横向龙骨与竖向龙骨由拉铆钉或自攻螺栓链接。

对于轻钢龙骨隔墙内装设的配电箱和开关盒的构造做法，如图 2-122 所示。

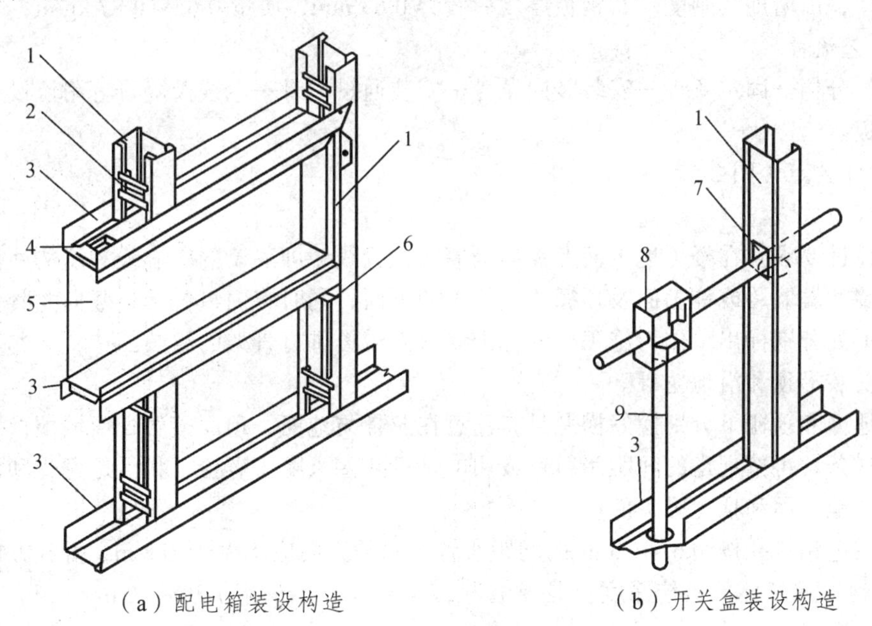

（a）配电箱装设构造　　（b）开关盒装设构造

1—竖龙骨；2—支撑卡；3—沿地龙骨；4—穿管开洞；5—配电箱；6—卡托；7—贯通孔；8—开关盒；9—电线管。

图 2-122 配电箱和开关盒的构造示意图

2. 施工工艺

1）施工准备

（1）材料准备：

墙体龙骨：C 形龙骨、U 形龙骨，主件主要有 50、75、100、150 四种系列。龙骨及配置选用应符合设计要求，产品应有质量合格证。

紧固材料：射钉、膨胀螺丝、镀锌自攻螺丝及木螺丝，选用应符合设计要求。

填充材料：玻璃棉、矿棉板、岩棉板等。

罩面板：集成墙面饰面板。

（2）施工机具准备：

板锯、电动剪、电动无齿锯、手电钻、射钉枪、直流电焊机、刮刀、线坠、靠尺等。

（3）施工条件准备：

主体结构已验收，屋面已做完防水层，室内弹出 + 50 cm 标高线。

主体结构为砖砌体时，应在隔墙交接处，每 1 m 高预埋防腐木砖。

大面积施工前，先做好样板墙，样板墙应得到质检合格证。

横龙骨其截面呈 U 形，在墙体轻钢骨架中主要用于沿顶、沿地龙骨，多与建筑的楼板底及地面结构相连接，相当于龙骨框架的上下轨槽，与 C 形竖龙骨配合使用。其钢板的厚度一般为 0.63 mm，质量 0.63 ~ 1.12 kg/m。

竖龙骨其截面呈 C 形，用作墙体骨架垂直方向的支承，其两端分别与沿顶、沿地横龙骨连接。其钢板的厚度一般为 0.63 mm，质量 0.81 ~ 1.30 kg/m。

加强龙骨又称盒子龙骨，其截面呈不对称 C 形，可单独作为竖龙骨使用，也可用两件相扣组合使用，以增加其刚度。其钢板厚度一般为 0.63 mm，质量 0.62 ~ 0.87 kg/m。

2）工艺流程

弹线、分档—固定龙骨—安装竖向龙骨—安装通贯龙骨—电线及隔音等附墙设备安装—安装罩面板。

3）操作要点（图 2-123）

（1）墙位放线。

根据设计要求，在楼（地）面上弹出隔墙的位置线，即隔墙的中心线和墙的两侧线，并引测到隔墙两端墙（或柱）面及顶棚（或梁）的下面，同时将门口位置、竖向龙骨位置在隔墙的上、下处分别标出，作为施工时的标准线，而后再进行骨架的组装。

（2）安装沿顶和沿地龙骨。

在楼地面和顶棚下分别摆好横龙骨，注意在龙骨与地面、顶面接触处应铺填橡胶条或沥青泡沫塑料条，再按规定的间距用射钉或用电钻打孔塞入膨胀螺栓，将沿地龙骨和沿顶龙骨固定于楼（地）面和顶（梁）面。

射钉或电钻打孔按 0.6 ~ 1.0 m 的间距布置，水平方向应不大于 0.8 m，垂直方向不大于 1.0 m。射钉射入基体的最佳深度：混凝土为 22 ~ 32 mm，砖墙为 30 ~ 50 mm。

（3）安装竖向龙骨。

竖向龙骨两固定 C 形横撑龙骨用于加强结构和固定集成墙面饰面板；有些类型的轻钢龙骨，还要加通贯横撑龙骨和加强龙骨，竖向龙骨。

竖向龙骨的间距要依据设计宽度而定，间距不大于 600 mm。当隔墙高要增高，龙骨间距也应适当缩小。

将预先切截好长度的竖向龙骨推向沿顶，沿地龙骨之间，翼缘朝向罩面板方向。应注意竖龙骨的上下方向不能颠倒，现场切割时，只可从其上端切断。门窗洞口处应采用加强龙骨，如果门的尺寸大并且门扇较重时，应在门洞口处另加斜撑。

1

用适当的固定件，将U形龙骨按照 600 mm 螺丝间隔固定在地板上

2

拉法基C形龙骨和U形龙骨可用专用龙骨剪轻松剪切

3

安装C形龙骨时，确保它同端墙垂直。用适当的固定件，按照600 mm间隔用螺丝固定。在吊顶的U形龙骨安装完毕后再安装另一端墙的 C 形龙骨（此方法仅适用于高度小于龙骨长度的隔墙）

4

将天花板的U形龙骨放置于端墙的C形龙骨上。取1个C形龙骨，间隔 600 mm 位置，使其天花板端同沿地U形龙骨垂直，用适当的固定件固定

5

在地板及天花板上每间隔 400 mm 或 600 mm 做标记，以决定下一个C形龙骨的安装位置

6

若 C 形龙骨遇到门框时，在门框被固定以前必须用适当的固定件或龙骨卡钳固定在天地龙骨上

图 2-123 安装过程

（4）安装通贯龙骨。

在竖向龙骨两边水平安装 U 形通贯龙骨，间距 500 mm 左右，每侧横向龙骨不应少于 5 排。龙骨开口面向竖向龙骨，背向罩面板，以拉铆钉或自攻螺丝钉固定。空调、电视等安装位置采取面板后加固措施，壁挂橱柜挂片安装需打钉连接于面板后面横龙骨（图 2-124）。

图 2-124 通贯龙骨

（5）安装墙内管线及其他设施（图 2-125）。

在隔墙轻钢龙骨主配件组装完毕，罩面板铺钉之前，要根据要求敷设墙内暗装管线、开关盒、配电箱及绝缘保温隔音材料等，同时固定有关的垫缝材料。

图 2-125　安装墙内管线及其他设施

（6）固定罩面板（图 2-126）。

在轻钢龙骨上以金属扣条固定集成装饰面板，扣条用拉铆钉或自攻螺丝钉固定在 U 形横向龙骨上。集成墙面板插接时，材料卡槽之间要求卡紧，不能留有缝隙。若有缝隙应采用橡胶锤轻轻敲击至拼缝最小状态，材料与材料对接处要求平整、严缝。

图 2-126　板材固定示意图

2.4.2 板条型隔墙

1. 板条隔墙种类及构造做法

1）石膏空心条板（图 2-127）

图 2-127 石膏空心条板

石膏空心条板的一般规格，长度为 2 500 ~ 3 000 mm，宽度为 500 ~ 600 mm，厚度为 60 ~ 90 mm。石膏空心条板表面平整光滑，且具有质轻（表观密度 600 ~ 900 kg/m^3）、比强度高（抗折强度 2 ~ 3 MPa）、隔热［导热系数为 0.22 W/（m · K）］、隔声（隔声指数 > 300 dB）、防火（耐火极限 1 ~ 2.25 h）、加工性好（可锯、刨、钻）、施工简便等优点。

其品种按原材料分，有石膏粉煤灰硅酸盐空心条板、磷石膏空心条板和石膏空心条板，按防潮性能可分为普通石膏空心条板和防潮空心条板。常见石膏空心条板如图 2-128 所示。

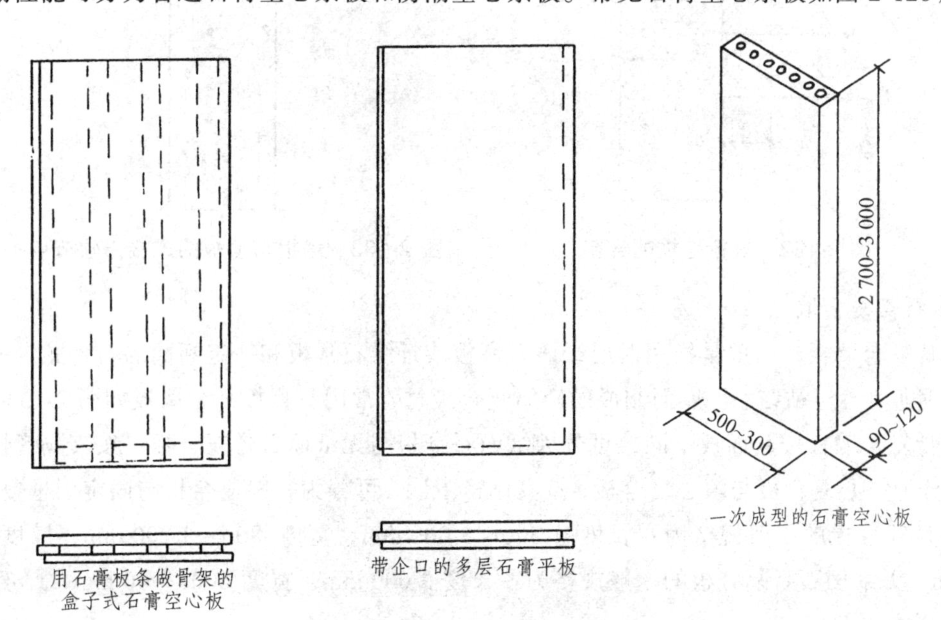

图 2-128 常见石膏条板类型

构造做法如图 2-129 ~ 图 2-133 所示。

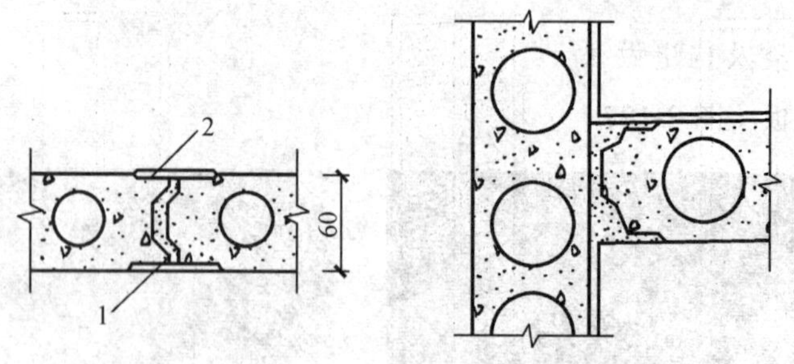

1—107 胶水泥砂浆黏结；2—石膏腻子嵌缝。

图 2-129　墙板与墙板的连接

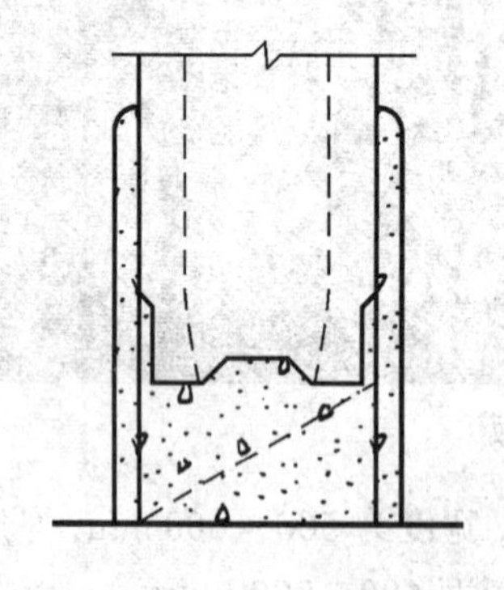

图 2-130　墙板与地面的连接

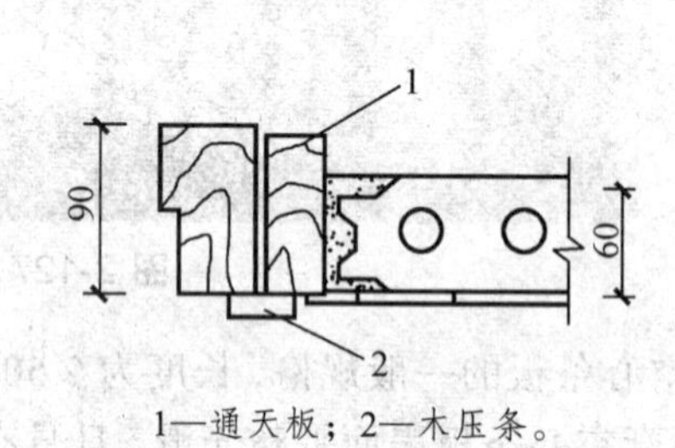

1—通天板；2—木压条。

图 2-131　墙板与门口的连接

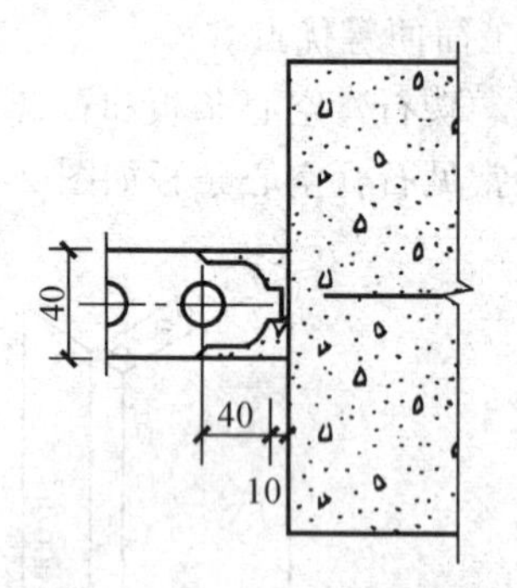

图 2-132　墙板与柱的连接

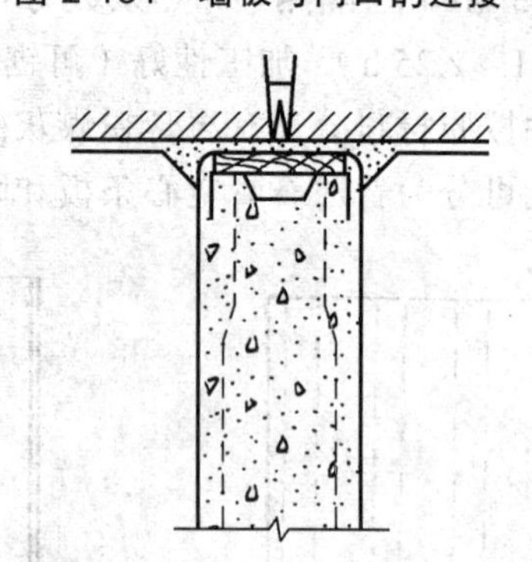

图 2-133　墙板与顶板的连接（软节点）

2）石膏复合墙板

石膏复合墙板，一般是指用两层纸面石膏板或纤维石膏板和一定断面的石膏龙骨或木龙骨、轻钢龙骨，经粘结、干燥而制成的轻质复合板材。常用石膏板复合墙板如图 2-134 所示。

石膏复合墙板按其面板不同，可分为纸面石膏板与无纸面石膏复合板；按其隔音性能不同，可分为空心复合板与填心复合板；按其用途不同，可分为一般复合板与固定门框复合板。纸面石膏复合板的一般规格为：长度 1 500 ~ 3 000 mm，宽度 800 ~ 1 200 mm，厚度 50 ~ 200 mm。无纸面石膏复合板的一般规格为：长度 3 000 mm，宽度 800 ~ 900 mm，厚度 74 ~ 120 mm。

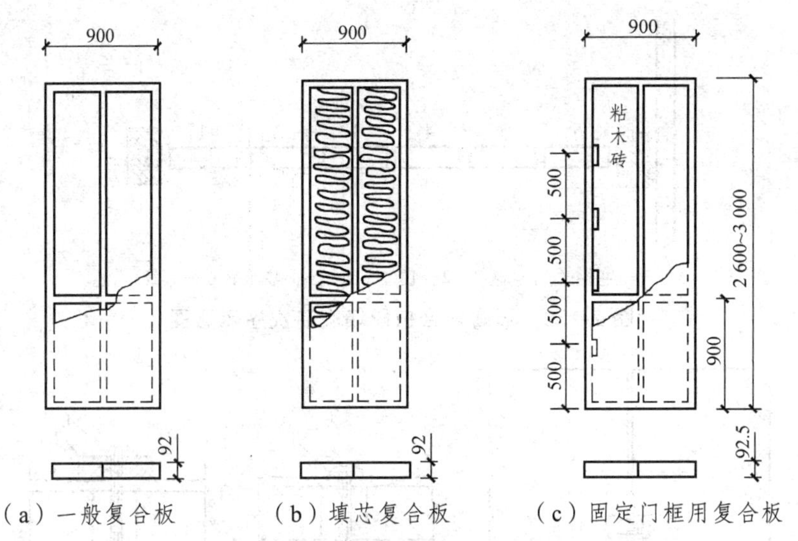

图 2-134　常见石膏复合墙板类型

构造做法如图 2-135～2-140 所示。

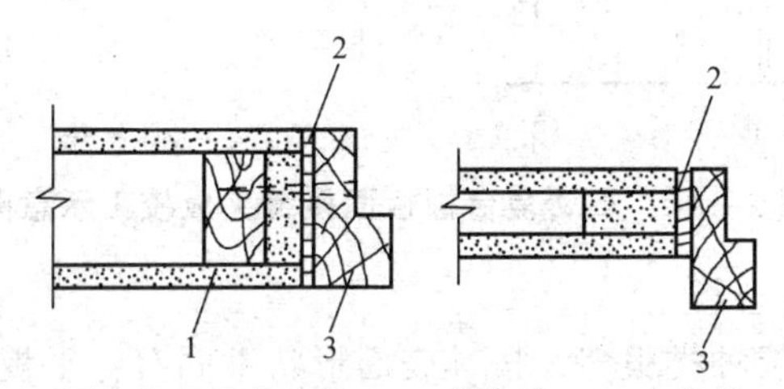

1—固定门框用复合板；2—黏结料；3—木门框。

图 2-135　墙板与木门框的固定

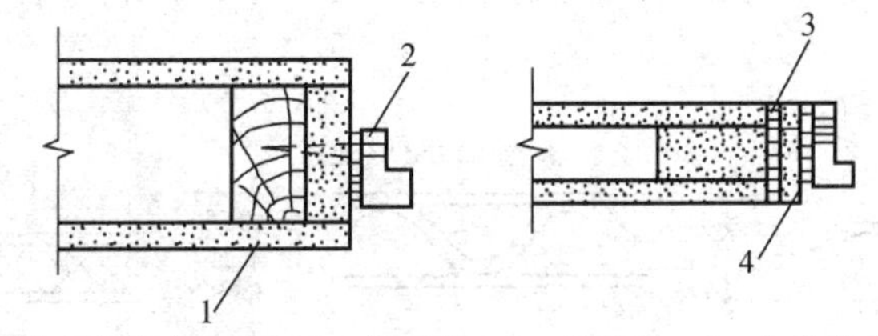

1—固定门框用复合板；2—钢门框；3—黏结料；4—水泥刨花板。

图 2-136　墙板与钢门框的固定

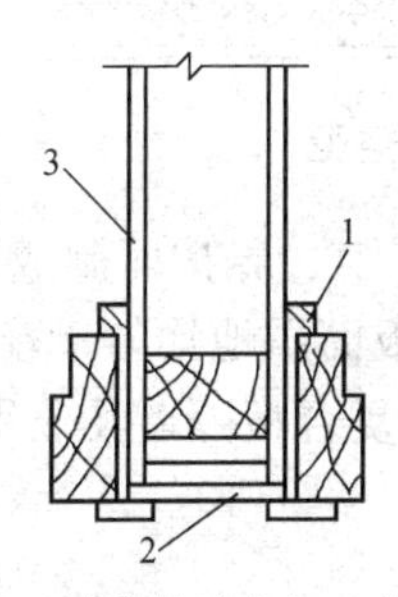

1—用 107 胶水泥砂浆粘贴木门口并用铁钉固牢；
2—贴厚石膏板封边；3—固定门框用复合板。

图 2-137　墙板端部与木门框固定

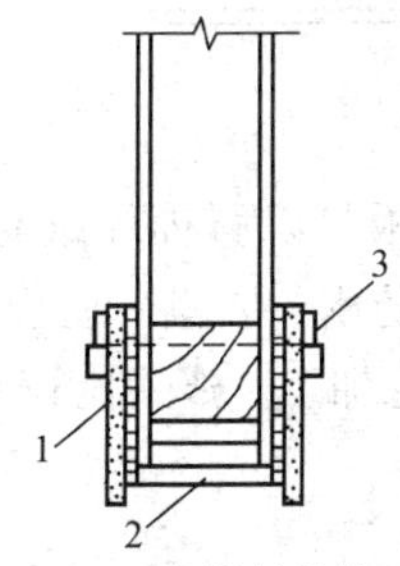

1—用黏结料贴 12×105 水泥刨花板，并用螺丝固定；
2—贴厚石膏板封边；3—用木螺丝固定钢门框。

图 2-138　墙板端部与钢门框固定

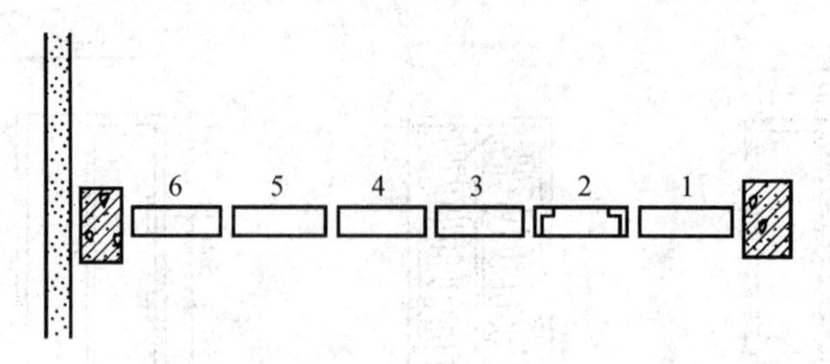

1，3—整板（门口板）；2—门口；4，5—整板；6—补板。

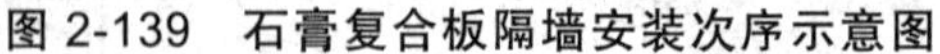

图 2-139　石膏复合板隔墙安装次序示意图

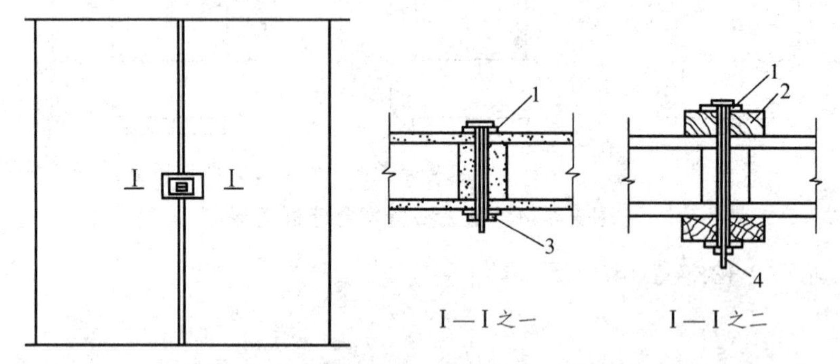

1—垫圈；2—木夹板；3—销子；4—M6 螺栓。

图 2-140　石膏复合板板面接缝夹板校正示意图

3）石棉水泥板面层复合板

用于隔墙的石棉水泥板种类很多，按其表面形状不同有：平板、波形板、条纹板、花纹板和各种异形板；除素色板外，还有彩色板和压出各种图案的装饰板。石棉水泥面板的复合板，有夹带芯材的夹层板、以波形石棉水泥板为芯材的空心板、带有骨架的空心板等，如图 2-141 所示。

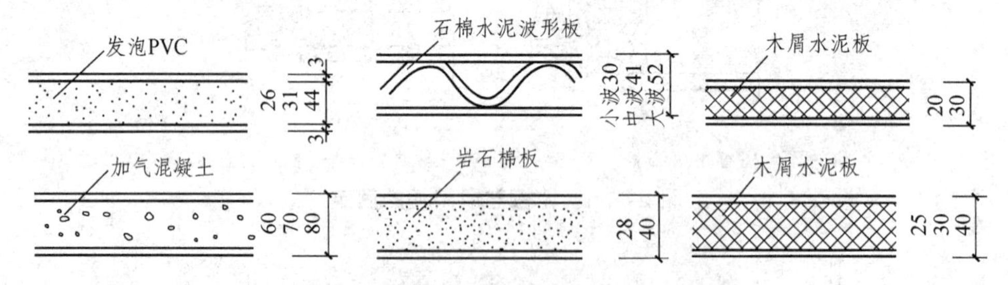

图 2-141　常见石棉水泥板面层复合板类型

石棉水泥板是以石棉纤维与水泥为主要原料，经抄坯、压制、养护而制成的薄型建筑装饰板材，具有防水、防潮、防腐、耐热、隔音、绝缘等性能，板面质地均匀，着色力强，并可进行锯割、钻钉加工，施工比较方便。它适用于现场装配板墙、复合板隔墙及非承重复合隔墙。

2. 施工工艺

1）施工准备

（1）材料准备：

相应的条板。

1：2 水泥砂浆或细石混凝土用于板下嵌缝。

腻子：一般采用石膏腻子，用于板面嵌缝。

（2）施工机具准备：

电动式台钻、锋钢锯和普通手锯、电动慢速钻配以扩孔、直孔钻。

（3）施工条件准备：

屋面防水层及结构已验收，墙面弹出 50 cm 标高线。

样板墙施工、验收合格。

2）操作要点

（1）做好楼地面及放线。

墙位放线应弹线清楚，位置准确。按放线位置将地面凿毛，清扫干净，洒水润湿。对于吸水性强的条板，应先在板顶及侧边浇水，然后在上面涂刷粘结剂，调整好条板的位置，用撬棍将板从下面撬起，使条板的顶面与梁或楼板的底面挤紧，再从撬起的缝隙两侧打入木模，并用细石混凝土浇缝。

（2）条板的安装及塞缝。

① 石膏空心条板隔墙：

安装前在板的顶面和侧面刷 803 胶水泥砂浆，先推紧侧面，再顶牢顶面，板下两侧 1/3 处垫两组木楔并用靠尺检查。板缝一般采用不留明缝的做法，其具体做法是:在涂刷防潮涂料之前，先刷水湿润两遍，再抹石膏腻子，进行勾缝、填实、刮平。

② 石膏板复合墙板：

在复合板安装时，在板的顶面、侧面和门窗口外侧面，应清除浮土后均匀涂刷胶粘剂成“八”状，安装时侧面要严密，上下要顶紧，接缝内胶粘剂要饱满（要凹进板面 5 mm 左右）。接缝宽度为 35 mm，板底空隙不大于 25 mm，板下所塞木模上下接触面应涂抹胶粘剂。为保证位置和美观，木模一般不撤除，但不得外露于墙面。

3. 石膏空心条板隔墙安装示意图

1）备料、放线（图 2-142）

在隔墙与墙柱面和地面接触处弹线定位。

图 2-142　备料、放线

2）上浆（图 2-143）

根据定位线在墙面和地面及板材侧面刷 803 胶水泥砂浆。

图 2-143　上　浆

3）装板（图 2-144）

根据图纸由靠墙柱一边一次安装固定石膏板，如板材上下有接缝时，应上下错开，相邻两块板材接缝不可出现在同一水平线上。

图 2-144　装　板

4）固定（图 2-145～图 2-147）

在石膏板与天棚、梁和地面衔接时，用 L 形钢钉一头钉入天棚或地面，另一头钉入板材侧面固定。当板与板衔接时，用直形钢钉从一块板顶部 45°角斜钉入另一板材侧面固定。

图 2-145　固定（一）

图 2-146　固定（二）

图 2-147　固定（三）

5）校对（图 2-148）

当装完一面墙时，因对墙体的垂直度和平整度予以校对。

图 2-148　校　对

6）勾缝（图 2-149）

当墙体校对无误，便可对板材接缝做勾缝处理。

图 2-149　勾　缝

7）灌浆（图 2-150）

用砂浆对板材地板进行灌浆处理，加强其稳固性。

图 2-150　灌　浆

8）接缝处理（图 2-151）

最后由内装油漆工对墙体进行接缝处理。

图 2-151　接缝处理

2.5 收纳系统安装

收纳空间即储藏物品的场所，其含义相当广泛，大到储藏间、更衣室，小到放香皂的搁架。它既可以是独立的空间，又可以是完整大空间内的一部分。设计收纳空间，首要原则是保证大空间的完整性，不能因其划分变得支离破碎；其次是保证人的活动范围。日常生活动线影响到所有空间的使用性，最简单的是沿墙或梁制作、摆放家具，所以装配式家居所创造的收纳空间常以定制衣柜、壁柜、橱柜、吊柜为主。如图 2-152 所示。

图 2-152　收纳系统

装配式收纳系统，指柜类的各组成部分均为半成品，是工厂根据家居尺寸和设计意图定制生产，只需木工现场拼接安装即可。其安装过程如下：

（1）安装准备：按照安装顺序将货物排列好分放到位，必须仔细核对不得出现错分错放现象，尽量现场开封包装。组装柜体时应注意轻拿轻放，避免刮伤厨房内的成品，同时避免损伤橱柜柜体。

（2）组装顺序：测量房间地面的高低水平情况，根据情况选择安装点。

（3）安装柜体：先将木销插在侧板（或装有连接杆的板件）上，确认木销露出部分不得超过 10 mm，再将装好木销的侧板准确地与地板进行连接；确认侧板与底板的背板槽是否有错位的情况：2 mm 以内，可用美工刀适当修正；超过 2 mm 的，不得强行安装。柜体安装时为平躺地面，当全部安装完成再将其竖起来，并摆放整齐，柜体与墙体结合紧密。

（4）安装门板：门板应与柜体底板在同一平面上，如预留的孔位有误差，应重新钻孔，确保门板与底板齐平，保证成品安装后的视觉效果；将两块门板水平放置并用专用门铰将两块门板连接在一起，将连接好的门板置放在支撑点上，确认门板安装位置，将门板与柜体用角铁连接。门板安装完毕后，须对门铰进行调节，保证门板间隙缝均匀，上下水平。

（5）安装收口板：收口板的尺寸大多不准确，需技师现场裁切。柜体安装完毕后，安装技师应准确测量出收口尺寸，然后根据需要用曲线锯裁切。注意：固定后必须用胶密封。曲线锯裁切应锯口平整，弯曲度不超过 1.5 mm。

（6）安装拉手：吊柜门板下延 20 mm，方便开启，地柜最上端拉手孔距地柜门板顶端垂直距离为 40 mm、侧面水平距离为 40 mm。

（7）安装地脚线：把踢脚板放在地柜的底部，移动塑料扣的位置，让它们与柜脚对应，使用量与柜脚的数量相同，向里推踢脚板，让塑料扣卡在柜脚上，这样就把踢脚板固定住了。应保证地脚板与柜体卡牢，配地脚之前，应将柜体底部清洁干净；特别注意木地脚线转角处的拼接。

（8）放置搁板：放置搁板可采用搁板卡和搁板订两种方式。搁板放置如配有搁板的柜体，将搁板放入柜体内。

（9）安装完毕后的调整清理：调整门板时必须用螺丝刀进行操作，为了铰链的使用寿命绝不能用电钻进行调整，对开门板缝隙保持在 1.5 mm 之间。所有门板的高度保持门板下沿与箱体下沿一平，门板调平后，所有铰链全部盖上铰链盖。清理柜底部的卫生，根据柜体的长度割出相对应尺寸的踢脚板，然后用踢脚板夹与底脚进行固定。

拓展实训

（1）实地学习装配式建筑装饰集成吊顶系统。

（2）掌握装配式集成吊顶、隔墙材料与施工流程。

（3）参观装配式内部工程实地案例。

第 3 章　集成厨卫系统

装配式厨房在装配式建筑装饰中又称作集成整体橱柜，是将橱柜、抽油烟机、燃气灶具、消毒柜、洗碗机、冰箱、微波炉、电烤箱、水盆、各式抽屉拉篮、垃圾粉碎器等厨房用具和厨房电器进行系统搭配而成的一种新型厨房形式（图 3-1、图 3-2）。生产厂商以橱柜为基础，同时按照消费者的自身需求进行合理配置，生产出厨房整体产品，这种产品集储藏、清洗、烹饪、冷冻、上下供排水等功能为一体，尤其注重厨房整体的格调、布局、功能与档次。

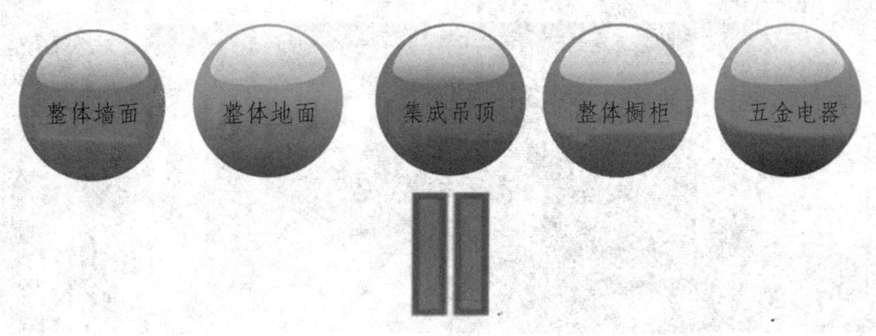

图 3-1　集成整体厨房系统——中式风格

图 3-2　集成整体厨房系统——现代风格

“整体”的含义是指整体配置，整体设计，整体施工装修。“系统搭配”是指将橱柜、厨具和各种厨用家电按其形状、尺寸及使用要求进行合理布局，实现厨房用具一体化。依照家庭成员的身高、色彩偏好、文化修养、烹饪习惯及厨房空间结构、照明并结合人体工程学、人体工效学、工程材料学和装饰艺术的原理进行设计，通过科学和艺术的结合来体现厨房的和谐统一。

3.1　集成橱柜安装施工

一般装修的开始就是敲墙和砌墙，而装配式建筑装饰下集成整体橱柜如在装修初期没有墙体上的改动，便可在敲墙前就进场实地测量，做到提前计划与设计。同时在测量时，业主需要与设计师在厨房功能和电器的使用情况等方面进行大致的交流，以便于设计出图（图 3-3、图 3-4）。

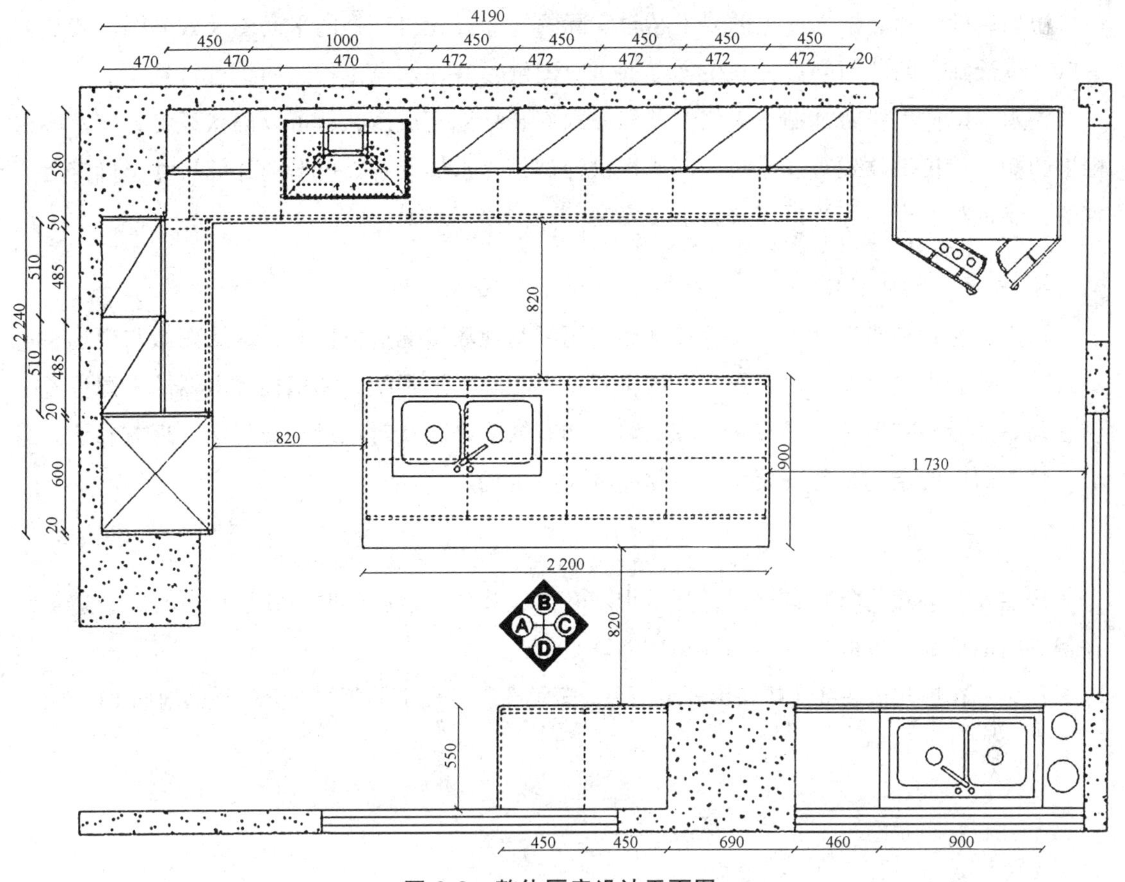

图 3-3　整体厨房设计平面图

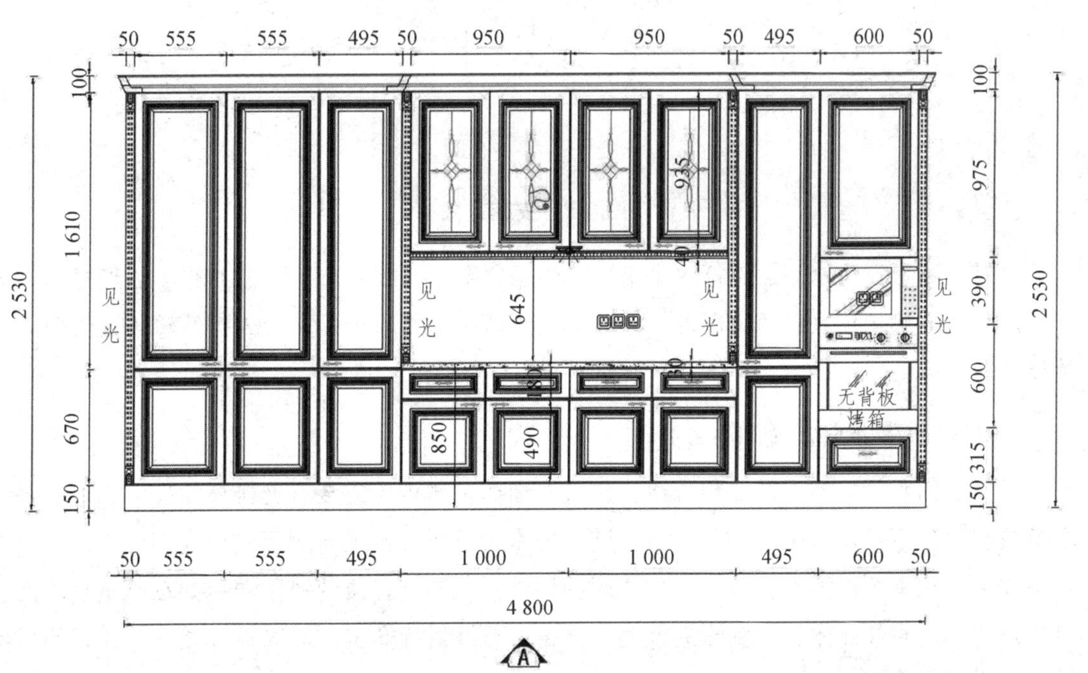

图 3-4　整体厨房设计立面图

初测后设计师会根据业主的要求结合实际的尺寸设计出橱柜的平面图及效果图，确认方案后，设计师在贴砖前会设计一份详细的水电图纸，并让水电工按照图纸进行施工。

在水电定位、瓷砖铺贴、煤气改动和吊顶安装结束完成后，就可以确认最终方案及挑选橱柜的颜色、拉手款式等。同时，需要提供油烟机、水槽等各类电器的详细尺寸，确定后厂家便开始进行生产，等待厂家进行现场安装。

1. 安装前准备工作

首先，检查和清理现场，安装技师通过图纸与现场情况进行比对，确认图纸与现场是否一致。接着检查进水、下水、煤气管的位置是否正确，消毒柜、油烟机等电器的电源位置是否正确。然后检查地砖、墙砖是否有缺陷，如有缺陷，应及时记录并与现场管理方确认。最后，将厨房中的杂物及与安装无关的物品清理出现场。

2. 打开包装

按照安装顺序将货物排列好，尽量现场开封包装。组装柜体时应注意轻拿轻放，避免刮伤厨房内的成品，同时避免损伤橱柜柜体。

注意：在拆开包装纸铺垫在厨房地面上，避免安装过程中散落的五金件划伤地面（图 3-5）。

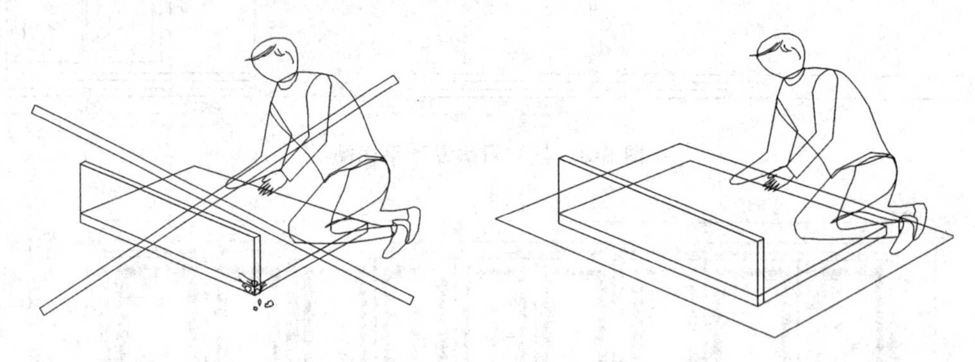

图 3-5　安装方式

同时，测量厨房地面的高低水平情况，根据情况选择安装点。注意 L 形、U 形橱柜，为方便调节，应从转角处向两边延伸。因此，凡此两种形式的产品，应先拆开转角处的柜体开始组装。

3. 柜体的安装顺序（图 3-6）

木销、偏心件、连接杆安装方法：先将木销插在侧板（或装有连接杆的板件）上，确认木销露出部分不得超过 10 mm，再将安装好的木销侧板准确地与地板进行连接。

安装注意事项：注意孔位与孔位之间的偏差。木销与孔位的错位误差如在 2 mm 以内，可用美工刀适当修正木销；如误差超过 2 mm，不得强行安装，应将板件置于一旁，待后期检查后向现场管理人员汇报。

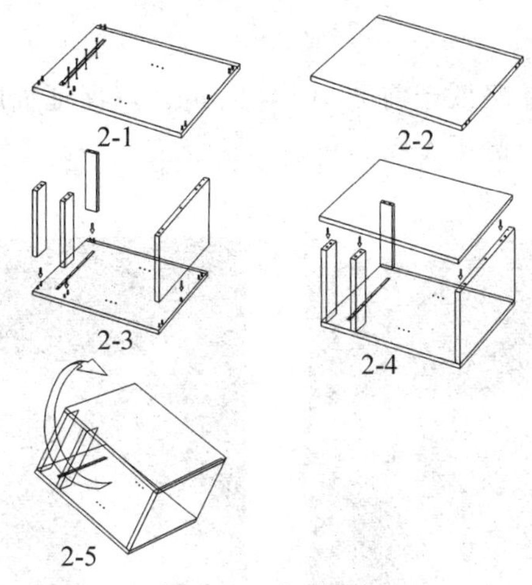

图 3-6　安装顺序

4. 背板的安装方法（图 3-7）

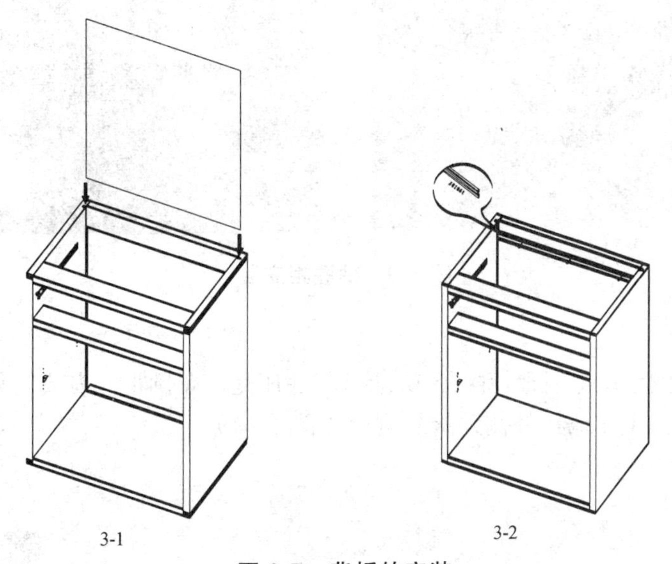

图 3-7　背板的安装

用自攻螺丝钉固定背板（图 3-8）。

图 3-8　固定背板

5. 抽屉柜的安装

安装抽屉滑轨应做到后端略低于前端 0.5 ~ 1 mm，以保证抽屉关门时的回弹力更好；固定导轨的螺钉帽不得高于导轨侧板（图 3-9）。

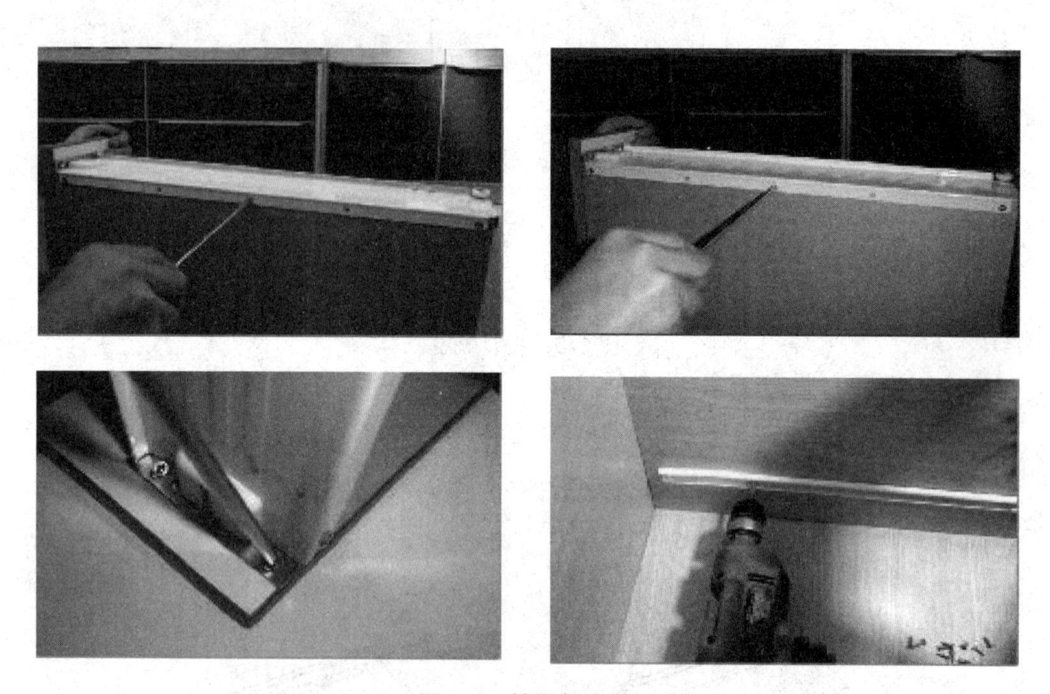

图 3-9　抽屉柜安装

6. 地脚的安装

橱柜底柜均为侧包底（消毒柜除外），地脚的底座呈鸡蛋圆形，为减轻侧板的压力，地脚底座尖头部分必须伸出在地板外侧，板外侧内（图 3-10）。

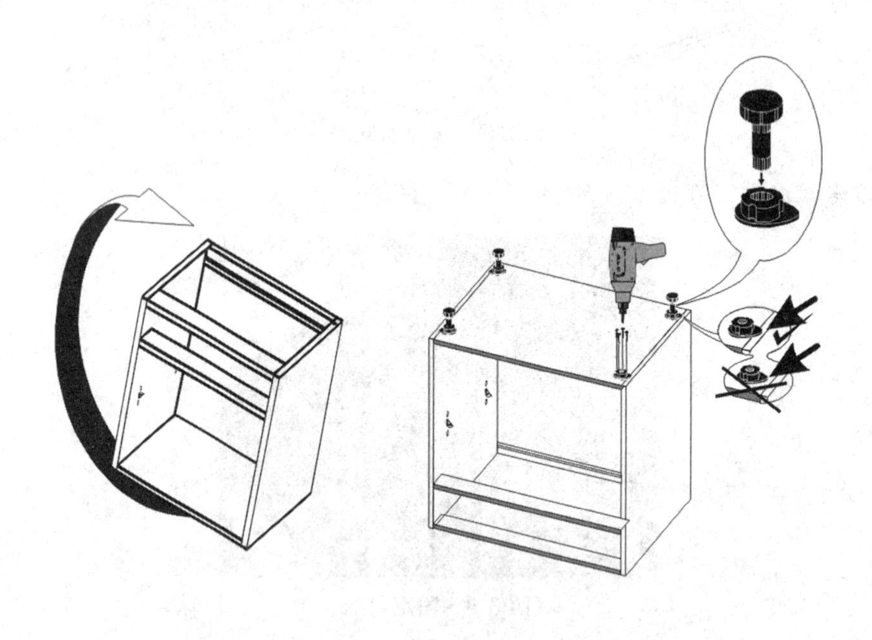

图 3-10　地脚安装

注意事项：

橱柜最外侧不靠墙时，为保证地脚安装顺序，鸡蛋形底座的尖头端向内。800 ~ 1 000 mm 的柜体应在底板的中心增加 1 个地脚；1 m 以上的柜体，应在底板中心的前后端各增加 1 个地脚，左、中、右地脚应在同一条直线上。

7. 柜体开缺

因厨房内有包柱、管道，需要进行柜体开缺时，需精确测量开缺尺寸，用曲线锯平稳地将柜体进行改造，锯完后的板件裸露部分必须用锡箔纸或者橡胶带封边（图 3-11）。

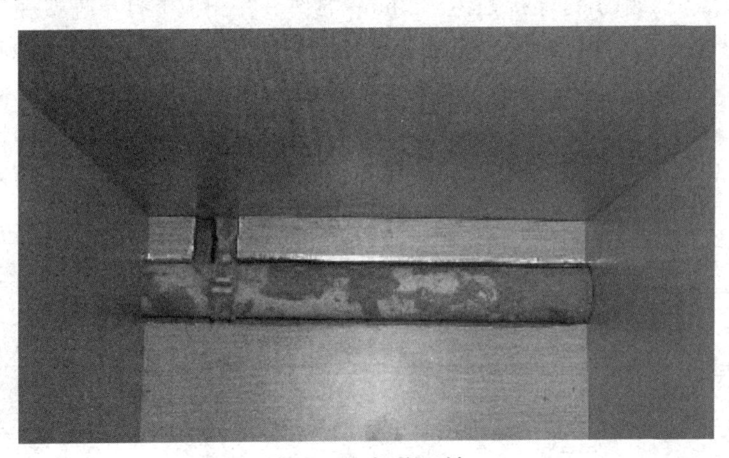

图 3-11　柜体开缺

8. 水盆柜组装及注意事项

到现场时应首先注意下水管的位置，如距墙体的距离超过 150 mm，则需用 53 mm 的钻头在水盆柜底板上开下水管孔。开孔时注意测量准确，使下水管孔对准下水道口，开孔后须将裸露的板材边缘用锡箔纸或者橡胶带封边。

注意事项：水盆柜、灶台柜、转角柜、抽屉柜等柜体的组装方式基本相同。

9. 摆放、连接柜体

不同形状柜体的摆放顺序，L 形柜体从转角处向两边延伸；U 形柜体选定一个转角，再向两边延伸。柜子摆放完毕后，测试厨房内的地面水平，找出最低点和最高点。从厨房地面最高端开始，调整柜体地脚，调至最低端，保持柜体在一个水平面上，或从转角处向两端调（图 3-12）。

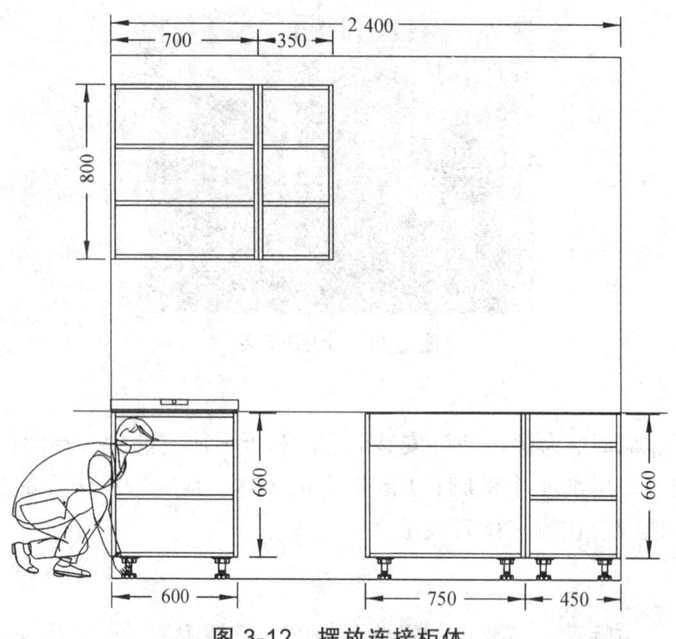

图 3-12　摆放连接柜体

确认柜体水平后，用螺钉连接柜体。5 mm 的钻头在侧板上打出连接孔，用自攻螺钉将柜体连接。连接时，尽量保证两侧板完全重合，如存在公差，则需保证顶端和前端在同一平面上（图 3-13）。

注意事项：螺钉尽量安装于隐蔽处，以保持美观，且保证柜体与柜体间连接牢固；连接螺钉共 4 颗，其中 2 颗应隐藏于柜体内门铰的固定螺钉之间，另 2 颗放在柜体深处。

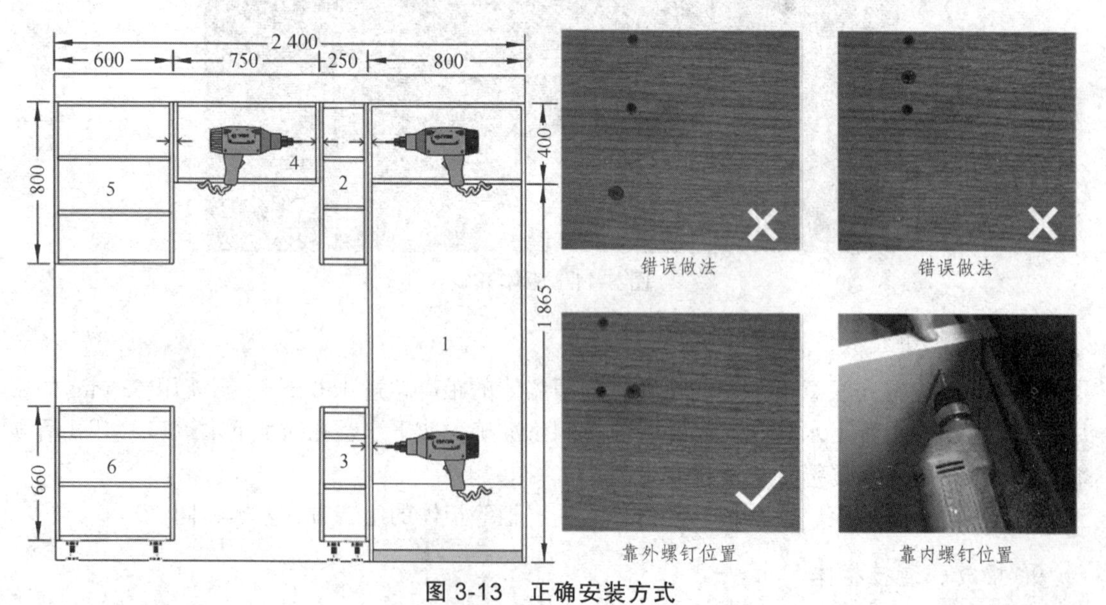

图 3-13　正确安装方式

10. 吊柜安装

安装吊柜前，用搁板测试墙夹角情况，注意墙夹角小于 90° 时的安装方法。吊柜的组装方法（图 3-14）。

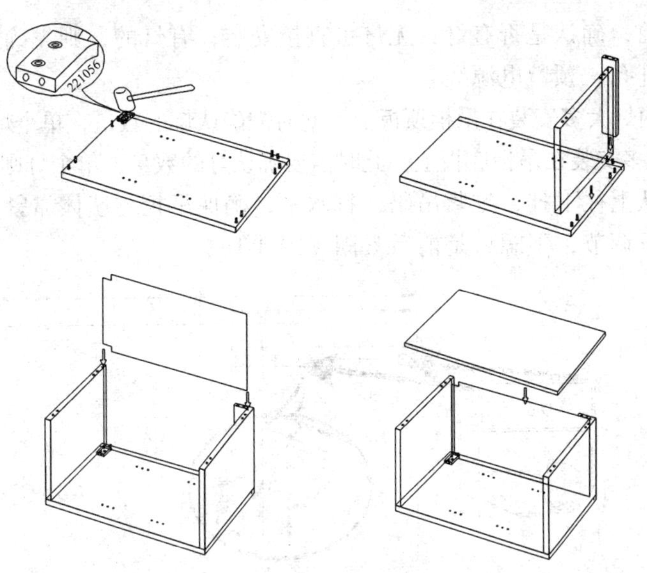

图 3-14　安装吊柜

吊码安装时需要注意方向（不能左右放错），同时应注意敲击力度，避免损伤吊码。

安装先确定高度，应完全按照样板房标准和图纸标注高度安装。在确定好高度后，根据高度确定挂片安装。（图 3-15）如吊柜靠墙，应在距墙 34 mm 处钻孔（预留出侧板的厚度）。钻孔前，向客户确认电源线、水管的走向，避免误伤线路。确定钻孔位置之后，在水平线上画出打孔位置。钻孔时，先轻后重，避免将瓷砖损坏。

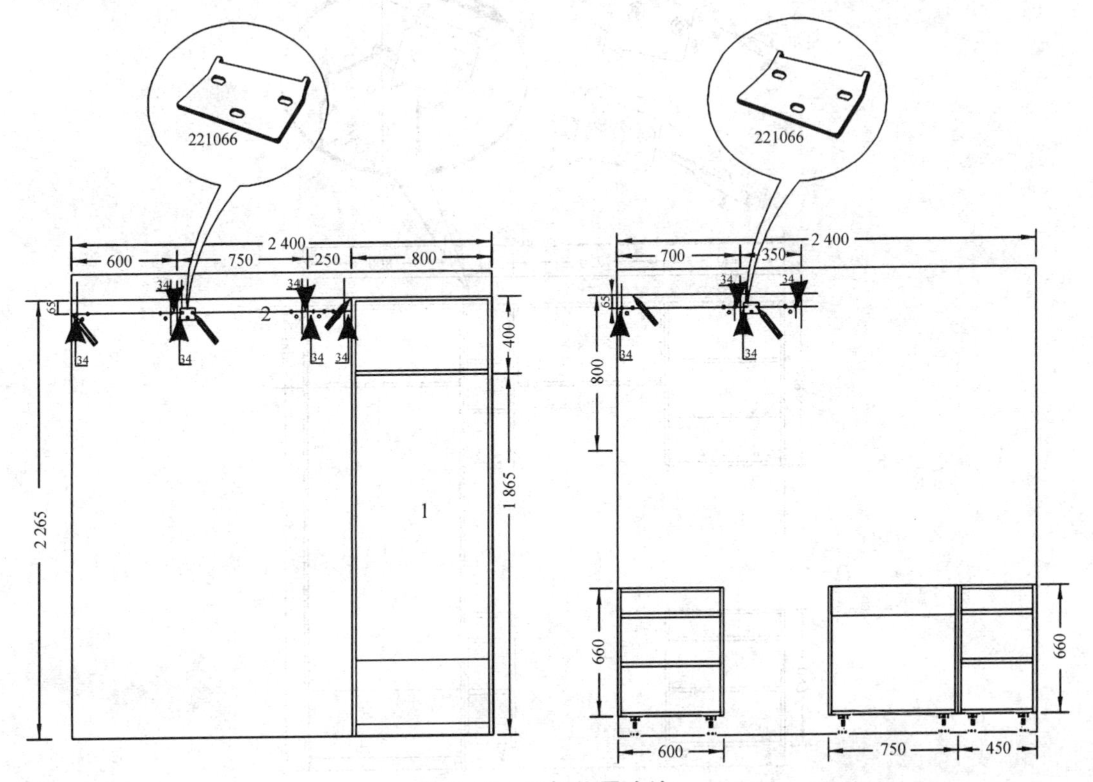

图 3-15　吊柜位置确认

在挂上吊柜前，确认是否有灯，无灯可直接安装；有灯的，则先确定灯源情况和安装位置，并根据情况开孔，预留电源线。

柜内灯：柜内灯大多安装在吊柜顶板上，此时需确认灯的数量，单个灯则安装在柜内正中。柜外灯：柜外灯大多安装在吊柜底板上，此时需要确认灯的数量，单个灯则安装在底板正中。

安装吊柜应从上往下挂，拧紧吊码，打水平，确保吊柜与墙体靠紧、挂牢。其中，吊码中的上螺钉是上下调节，下螺钉是前后紧固（图 3-16）。

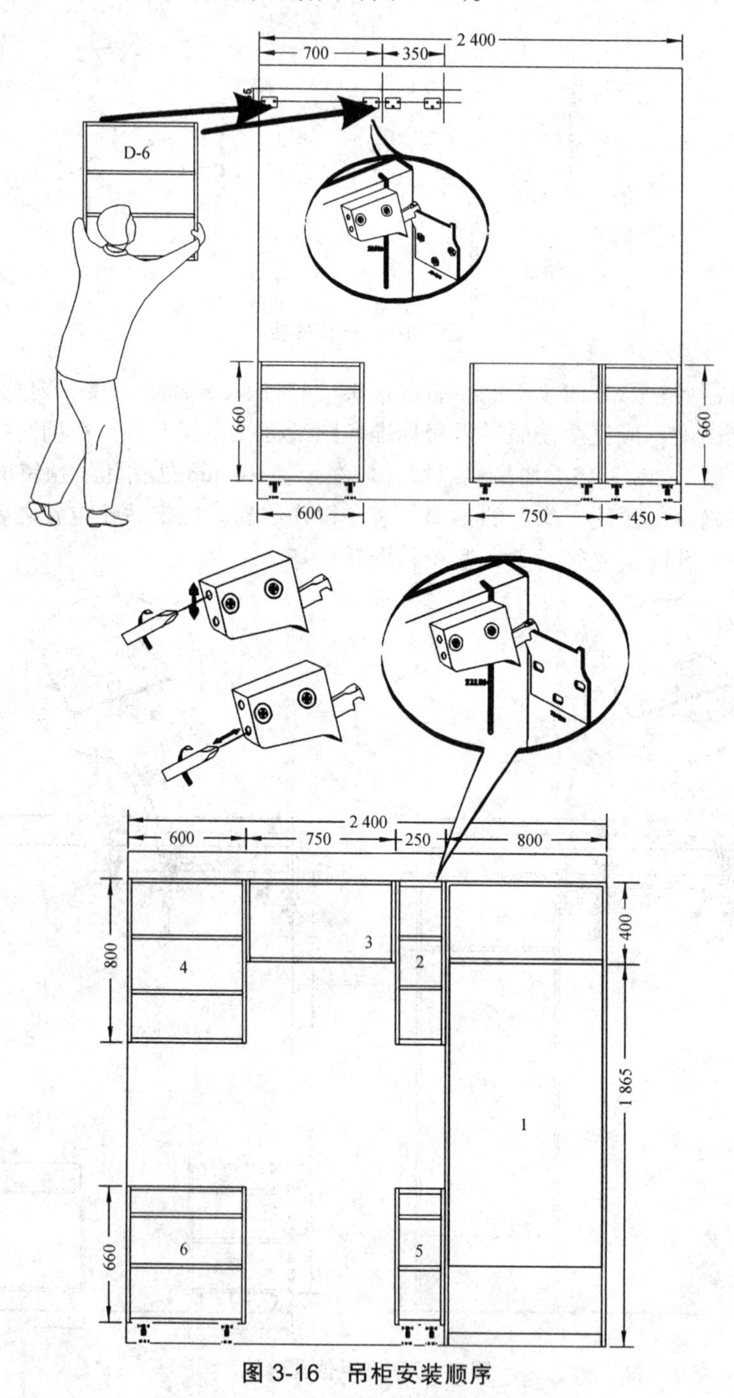

图 3-16　吊柜安装顺序

注意事项：对单独的吊柜（仅一个吊柜时），吊柜安装完毕后应在柜体与墙面接触部位打硅胶，使柜体与墙面紧贴。

11. 门板安装

橱柜门板应单独包装，应注意轻拿轻放，避免划伤，并且门板应逐一取出，取出一块安装完毕后再按同一顺序安装下一块门板，不得全部同时取出。如有损伤，在仔细检查后，将损伤门板置于一旁，待柜体全部安装完毕后向现场安装负责人汇报。为保证门板不受意外损伤，施工顺序是：开包、取出门板、仔细检查有无损伤、安装、调试。

门板安装应先将两块门板水平放置（上下整齐），用专用门铰将两块门板连接在一起，并在地柜下端另立三个支撑点（可用备用地脚），然后将连接好的门板置放在支撑点上，确认门板安装位置，最后将门板与柜体用角铁连接。

注意事项：将门板上牢在柜体上，注意门铰座子孔位置是否正确，如有不对，应自行改动；门板安装完毕后，门板应与柜体底板在同一平面上，如预留的孔位有误差，应重新钻孔，确保门板与底板齐平，保证成品安装后的视觉效果；转角固定门的安装方法（图 3-17）。

图 3-17　门板安装

门板安装完毕后，须对门铰进行调节，保证门板间隙缝均匀，上下水平。门铰有 4 只调节螺钉，靠内的螺钉可以前后调节门板，即调整门板与柜体的间隙；靠外的螺钉可调节门板的左右位置，如门板之间的缝隙需调整，可调节此螺钉（图 3-18）。

图 3-18　铰链安装

12. 收口板安装

收口板的尺寸大多不准确，需技师现场裁切。柜体安装完毕后，安装技师应准确测量出收口尺寸，然后根据需要用曲线锯裁切。曲线锯裁切应锯口平整，弯曲度不超过 1.5 mm。

注意事项：固定后必须用胶密封。

13. 消毒柜安装

应保证通电及正常使用，如为嵌入式消毒柜，应保证与消毒柜间连接牢固，如未挂式消毒柜，应保证挂接牢固、水平。

14. 配件安装

1）双饰面板拉手

平开门：吊柜最下端拉手孔距门板外沿的水平和垂直距离均为 50 cm；地柜最上端拉手孔距地柜门板顶端垂直距离为 50 cm、侧面水平距离为 50 cm；抽屉拉手孔距门板最上端的距离为 50 mm，水平位置居中。

吊柜上翻门：拉手孔距门板下端边沿垂直距离为 50 mm，水平位置居中。

2）铣形门板拉手

铣形门板的边框均为平板，钻拉手孔应以铣形后平面边框的中水平（垂直）方面的中心线作为基准，拉手孔必须做到横平竖直。

吊柜拉手孔：居中的，两拉手孔的中心应位于下端平面中心线的正中；居左（居右）的，最下端的拉手孔位于横、竖两平面中心线的交叉点；对开门，拉手最左（右）端点位置应位于距底线、侧面 50 mm 平行线的交叉点。

3）特殊拉手

包括 G 形拉手、迪奥拉手、暗藏式拉手等。G 形拉手、迪奥拉手、050-160（明尼玛）已由工厂在生产过程中完成，暗藏式拉手的槽位已确定，可直接钻孔安装。

4）地脚线

应保证地脚板与柜体卡牢，配地脚之前，应将柜体底部清洁干净；特别注意木地脚线转角处的拼接。

5）放置搁板

放置搁板可采用搁板卡和搁板钉两种方式。搁板放置如配有搁板的柜体，将搁板放入柜体内。

注意：柜体安装完毕后，凡有抽屉滑轨之处，用纸板（或薄膜）遮盖滑轨，避免台面开孔的粉尘落进轨道中，影响抽拉效果。

15. 台面安装

安装前检查自己所要安装的台板是否全部送到现场，检查台面是否有损坏；若有损坏，在没有把握处理好的情况下，及时通知厂部。并对照图纸，检查台板色号和所带胶水粉料是否与图纸上相同。同时，检查台板的宽度、长度、角度是否和实际尺寸相符合，用包装纸将地面铺好，准备安装。最后检查柜体是否水平，确定是水平后，才可安装垫板，反之则调平后再安装台面（图 3-19）。

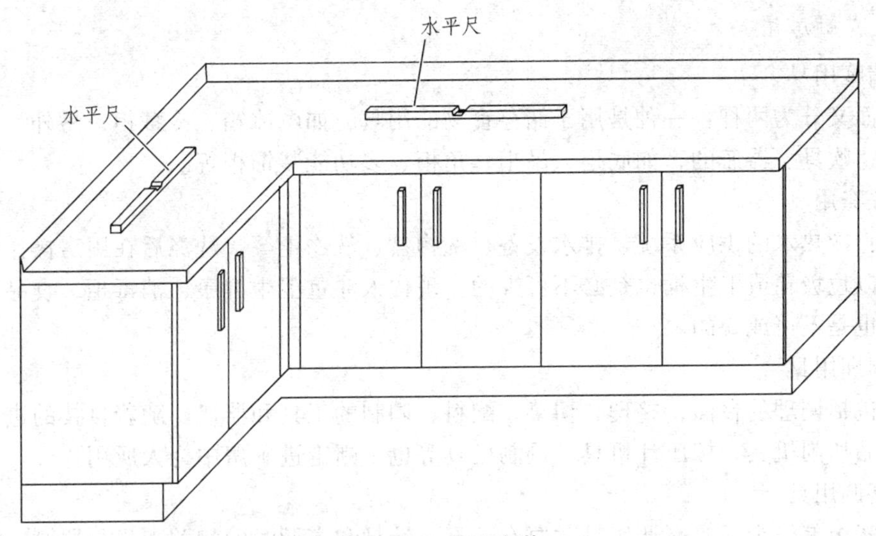

图 3-19 台面安装

16. 台面垫板安装

台面铺垫系统包括垫板和垫条两部分。

修正垫板时，尽量保证垫板向墙体靠拢；垫板铺装必须按柜体走向进行，避免在柜体中间接垫板，垫板拼接处应保证在侧板上（如柜体超过 600 mm，应绝对避免垫板在中间拼接），柜体转角处尤其应注意（转角柜一般较长，为保证柜体均匀承重，绝对不得在转角柜中间出现垫板拼接的情况）；在转角出现垫板架空的情况时，如架空距离超过 150 mm，须在墙体上增加支撑。

垫条通常是塑钢扣件垫条，每单片垫条最长为 3 m，宽度 90 mm，垫条两侧各有卡口 15 mm；拼接垫条方式为：自垫板外沿开始安装，一长一短顺序安装，共四长三短，安装完毕的垫条整体宽度为 540 mm（包括两端卡口各 150 mm），短垫条须安装在长垫条的两端，安装完毕后的垫条系统应是整体的、缓冲散热铺垫系统；如柜体整体长度超过 3 m，垫条可以拼接，但中间过渡的短垫条应卡住接缝处，保证受力均匀；有转角柜时，垫条与垫板的走向相反，凡垫板拼接处，垫条不应在相同位置拼接；垫条安装完毕后，如出现多余的垫条小块，应将余下的小块全部安装在空处。

注意事项：垫条铺装应在吊柜安装完毕后开展。

17. 清理现场

全部安装完成后，安装技师会做好现场卫生后离开。

3.2 集成厨具安装施工

厨具按照使用场合来分，可分为商用厨具和家用厨具。商用厨具适用于酒店、饭店等大型厨房设备，家用厨具一般用于家庭。按照用途来分，可分为以下五大类。

1. 集成厨房用具

1）储藏用具

这里面又分为两种：一种是用于储存食物的用具，如电冰箱、冷藏柜；另外一种是用于储放餐具、炊具、器皿的，如底柜、吊柜、角柜、多功能装饰柜等。

2）洗涤用具

包括：冷热水的供应系统、排水设备、洗物盆、洗物柜等。洗涤后在厨房操作中会产生垃圾，所以垃圾箱或卫生桶也是必不可少的。现代人注重卫生健康，消毒柜、食品垃圾粉碎器等设备也是不可或缺的。

3）调理用具

主要包括调理的台面，整理、切菜、配料、调制的工具和器皿。随着科技的进步，家庭厨房用食品切削机具、榨压汁机具、调制机具等也不断走进厨房中为人所用。

4）烹调用具

炒菜煮饭怎能少呢？烹调用具主要有炉具、灶具和烹调时的相关工具与器皿。随着厨房革命的进程，电饭锅、高频电磁灶、微波炉、微波烤箱等也开始大量进入家庭。

5）进餐用具

进餐用具主要包括餐厅中的家具和进餐时的刀叉、筷子和器皿等。

2. 集成厨具安装方法

1）嵌入式燃气灶安装

嵌入式是将橱柜台面做成凹字形，正好可嵌入燃气灶，灶柜与橱柜台面成一平面。嵌入式燃气灶从面板材质上分可分为不锈钢、搪瓷、玻璃以及不沾油四种。嵌入式灶具美观、节省空间、易清洗，使厨房显得更加和谐和完整，更方便了与其他厨具的配套设计，营造了完美的厨房环境，因此，受到了广大消费者的喜爱，是目前家庭装修新房时常用的燃气灶具。

嵌入式灶的结构可分为：火盖座、大火盖、承液盘、风门、小火盖、辅助锅架、大锅架、下壳、炉头、风门调节螺钉、喷嘴、热电偶、点火针、点火器、电磁阀、电池盒、进气管接头（图 3-20）。

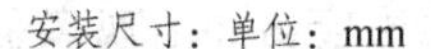

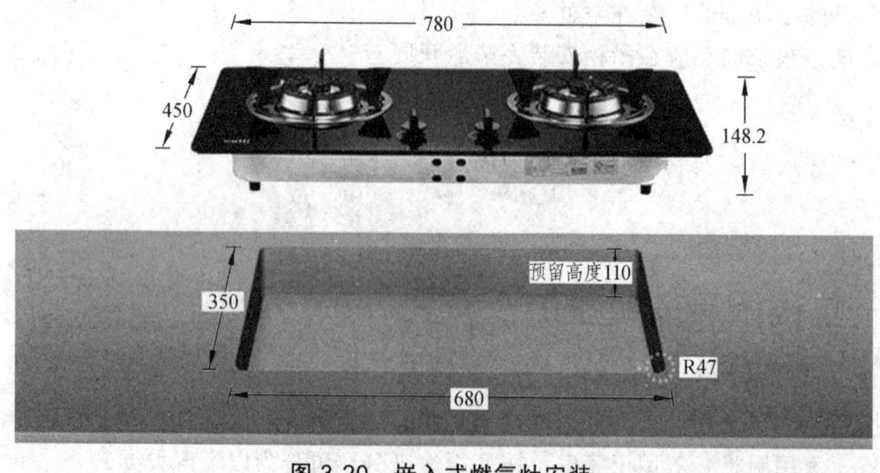

图 3-20　嵌入式燃气灶安装

嵌入式燃气灶的安装步骤：

第一步：安装燃气管。在安装燃气管前我们需要先将灶具放进事先开好孔的灶台。

第二步：清理干净灶具进气口，再将胶管接头套入灶具接头处并超过标准线，并用管夹或管箍夹紧胶管。

第三步：查看电池盒是否有电池，如没有请购买电池并安装。安装完毕后开始打开旋钮，测试是否有火，查看火焰颜色是否为淡蓝色；如果火焰颜色偏黄或者偏红，说明还需要在对燃气灶进行调试。

2）集成式燃气灶安装

（1）电源预留：集成灶的电源不能留在集成灶的后面，因为插座加插头的厚度可能会使集成灶突出门板之外，影响安装效果，而使用户不满。通常是留在旁边的柜子后面或者将插座装到旁边柜子的侧板上。集成灶后面的墙上也不能预留插座，因为集成灶的玻璃盖板掀起后会遮蔽插座，导致插座无法使用（图 3-21）。

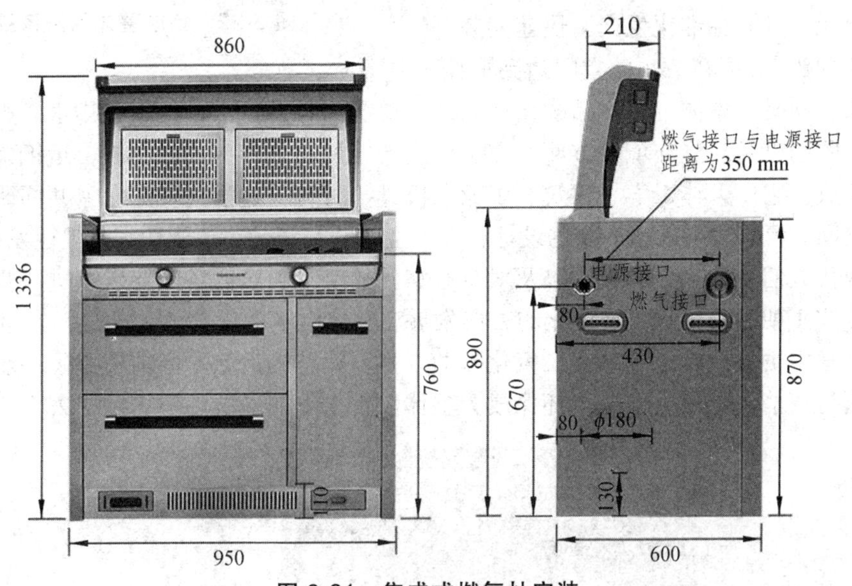

图 3-21　集成式燃气灶安装

（2）气源相关设计：集成灶的进气管可以调整左右，但是位置都位于侧面的下方靠墙的角上。设计时应着重考虑集成灶的进气和散气设计，以及需要维修气管的拆卸方便性。在进气方面，气表处应确保有开关阀门，且方便开关对集成灶的进气控制。在散气方面，可在其附近的裙板上安装通风孔。因为集成灶是直接放于地面，如果发生燃气泄流，可及时发散。

（3）排烟管相关设计：集成灶的排烟管位于侧面下部靠墙的位置，集成灶的排烟管直径较大，设计时应着重考虑其排烟管与橱柜的结合问题以及维修拆卸问题。

总的来说，整体厨房将厨房用具和厨房电器进行系统搭配而成的一个有机的整体形式，实行整体配置、整体设计、整体施工装修，从而实现厨房在功能、科学和艺术三方面的完整统一。在注重整体搭配的时代，整体厨房凭借其整体化、健康化、安全化、舒适化、美观化、个性六大优势成为今后发展的必然趋势。

3.3 集成整体卫浴系统

所谓装配式建筑装饰集成整体卫浴系统，就是包括了顶、底、墙及所有卫浴设施的整体浴室处理方案（图 3-22）。区别于传统浴室，整体浴室是工厂化一次性成型，小巧、精致，功能俱全，节省卫生间面积，而且免用浴霸，非常干净，有利于清洁卫生。整体浴室的概念源自日本。整体浴室也叫作整体卫浴、整体卫生间、系统卫浴。整体浴室有利于清洁卫生。

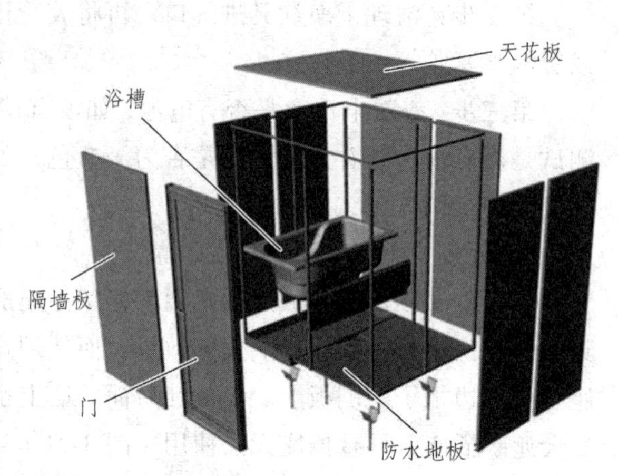

图 3-22 集成整体卫浴系统

整体卫浴是由工厂预制的一体化防水底盘、墙板、顶板（天花板）构成的整体框架，在现场积木式拼装，配上各种功能洁具形成的独立卫生单元，具有标准化生产、快速安装、防漏水等多种优点，可在最小的空间达到最佳的整体效果。同时，整体卫浴产品的设计生产，要统筹考虑防水、给水、排水、光环境、通风、安全、收纳以及热气环境等方面，在工厂生产、配套整合、成套包装，运抵施工现场后进行组装完成。它由人体工学、建筑、工业、模具、材料等各学科资深专家共同研发，合理布置浴室空间，精心从事款型、颜色设计，将卫生间的实用性、功能性、美观性发挥到极致。

随着现代人们生活水平的提高以及对身心享受的追求，对沐浴的要求也进一步提高，现代沐浴的方式正朝着整体化、智能化的方向发展，整体浴室的优势愈加凸显。21 世纪，在制造、使用过程中更加注重尽量减少二氧化碳的产生，使整体浴室又向前迈进了一步，更具时尚外观、更易清洁、更卫生、节能环保成为整体浴室未来的发展趋势（图 3-23）。

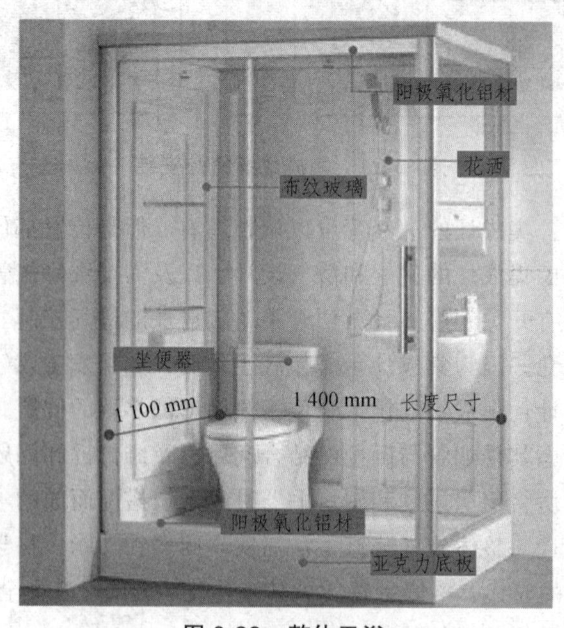

图 3-23 整体卫浴

3.3.1 集成整体卫浴优势

1. 省事省时

安装卫生间如买空调电视一般，买回之后即可使用。传统的施工方法大概需要 8 天，而装配式整体卫浴只需要 2.5 天（表 3-1）。

表 3-1 整体卫浴与传统卫浴对比

项 目	传统卫浴安装		整体卫浴安装	
劳动力	14 人		8 人	
工期/天	水电改造	1.5	预装	0.5
	墙面水泥砂浆找补	0.5	管线铺设	0.4
	墙砖铺贴	1	调试	0.25
	地面防水	0.5	墙板、顶板安装固定	0.5
	闭水试验	1	洁具、灯具、五金安装	0.6
	地面砖镶贴	0.5	调试	0.25
	地砖养护	1.5		
	吊顶安装	0.5		
	洁具、灯具、五金安装等	1		
	合计	8		2.5
工期较传统模式缩短 64.3%				

2. 结构合理

首先，整体卫浴间在结构设计上追求最有效地利用空间，即使家中的卫生间不足 2 m^2，也有相应的整体卫生间可供选择。并且给水、排水系统、电路系统均一体化集成，无需再单独施工，后续维护省事省心（如图 3-24）。

图 3-24 综合施工

同时，整体卫浴的布局可根据空间的大小进行合理的布置，不需要进行回填施工，线管的布控不用穿楼板，在同一楼面上就可进行排水，且不受楼上冲水噪声的干扰。但传统的下层排水会因为管道布局的限制，无法根据使用需求、喜好重新安排，并且传统浴室的排水需要超越楼板，一旦漏水，可能引发邻里纠纷（图 3-25）。

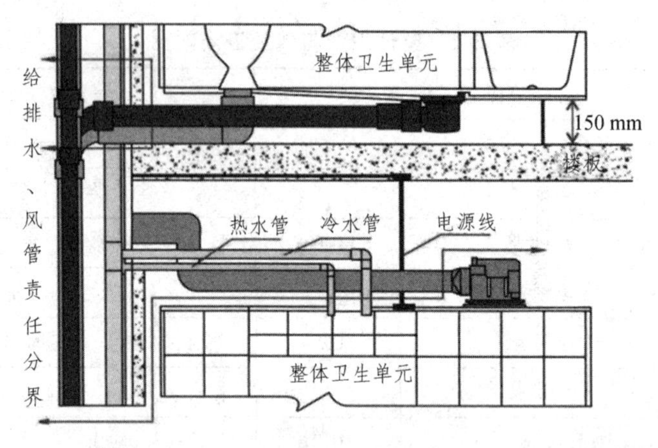

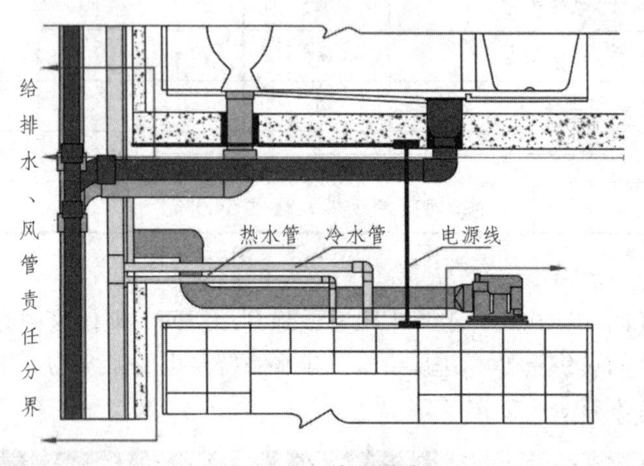

图 3-25　单双排水

其次，整体卫浴间的浴缸与底板一次模压成型，无拼接缝隙，从而根本解决了普通卫生间地面易渗漏水这一曾困扰许多家庭的问题（图 3-26）。

图 3-26　一次性成型

3. 材质优良

整体卫浴间的底板、墙板、天花板、浴缸等大都采用 SMC 复合材料制成，SMC 是飞机和宇宙飞船专用的材料，具有材质紧密、表面光洁、隔热保温、防老化及使用寿命长等优良特性。比起传统卫浴的墙体容易吸潮，表面毛糙不易清洁，整体卫浴的优势相当明显。

相较于传统浴室，墙壁、瓷砖均为高导热材质，浴室内热量容易被建筑所吸收，而整体浴室的 SMC 材料具有隔热保温性能，并与墙体间设有保温缓冲层，避免热量被建筑所吸收（图 3-27）。

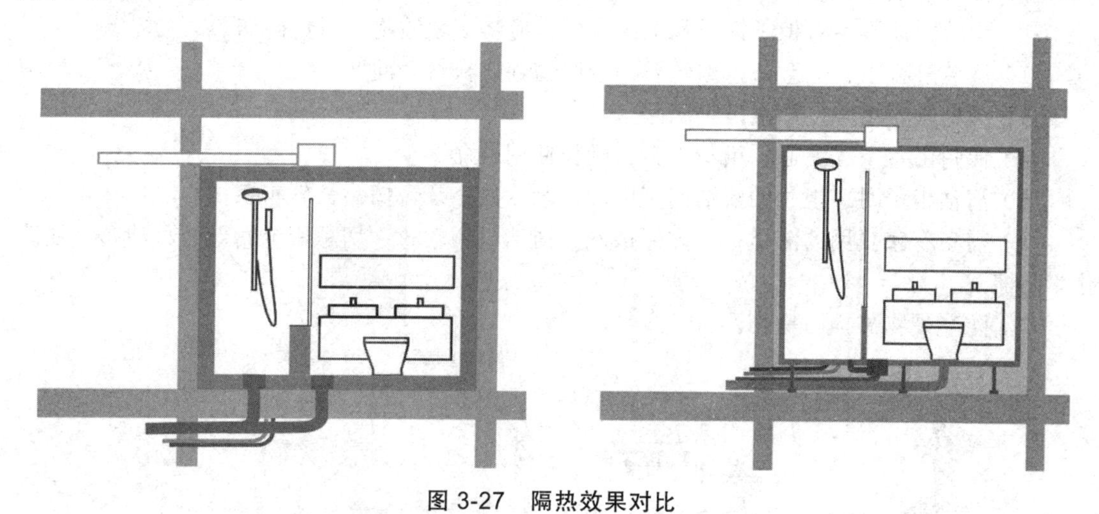

图 3-27　隔热效果对比

3.3.2　集成整体卫浴系统施工工艺

卫浴系统施工工艺如图 3-28 所示。

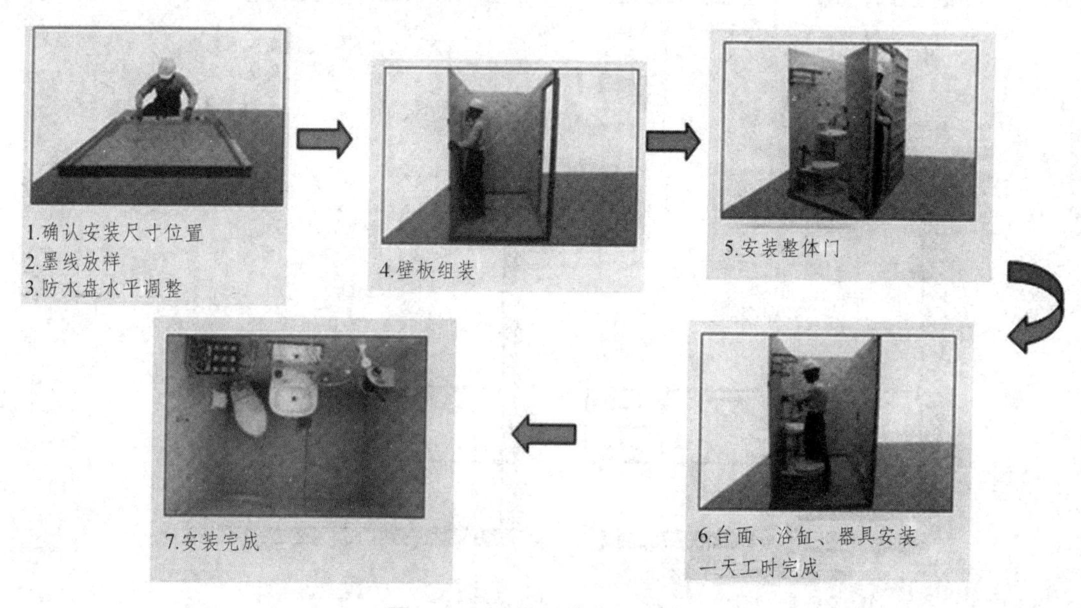

图 3-28　卫浴系统施工工艺

总的来说，整体卫浴是完整的产品，是完全按人体工学原理进行设计的，这比传统厨卫装修更趋合理。科学的设计与精致的做工相辅相成，这一点即使在细小之处也能体现出来，比如整体卫浴间中的卫浴设施均无死角结构而便于清洁。

3.3.3 集成盥洗用具安装（图 3-29）

安装注意事项及保养：

（1）组装时请不要将柜子镜子和地面接触，应垫上软质物，以免碰伤。

（2）组装过程中，注意防止螺丝刀等金属物刮伤板材表面。

（3）应把水管接好，检查是否滴漏水。

（4）保持浴室空气流通，柜身干爽，延长使用寿命。

（5）清洁柜子时，柜子的清洁剂用中性试剂，如：牙膏擦污，软布擦拭。

（6）需备有家具用的液体蜡，方便擦洗，清洁时用软布，切忌用金属丝、百洁布、强性化学品擦洗。

（7）防止硬物碰撞、擦伤。

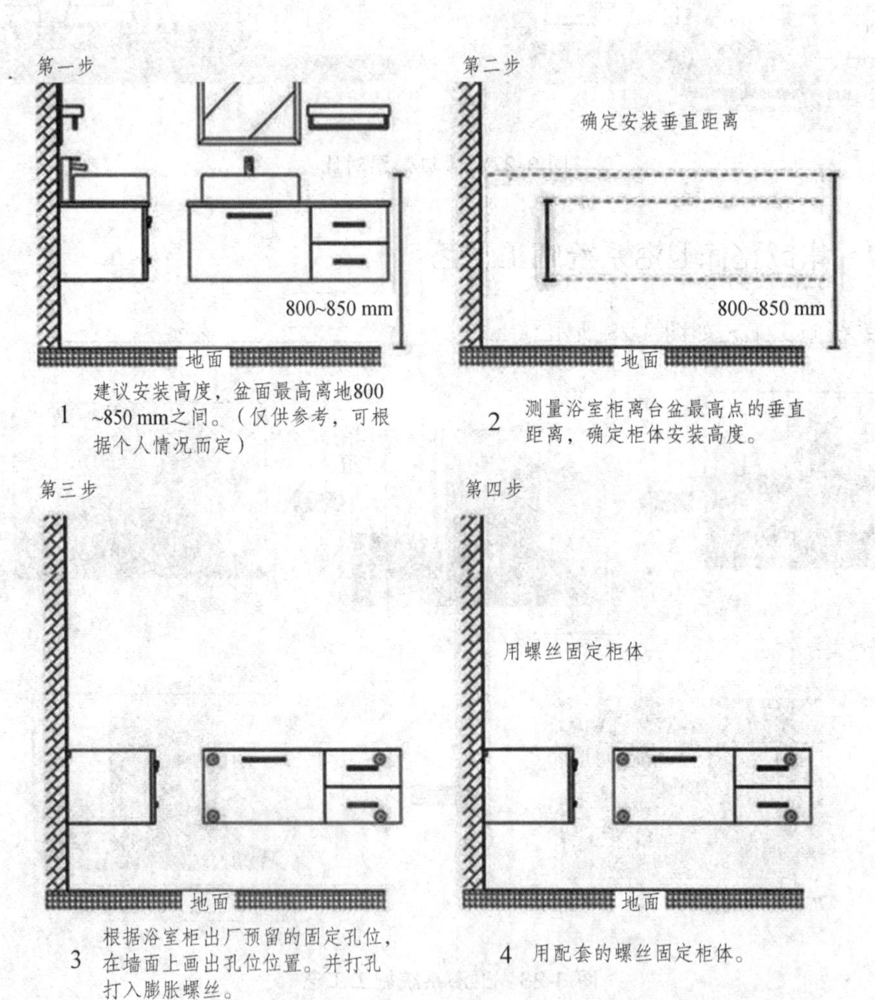

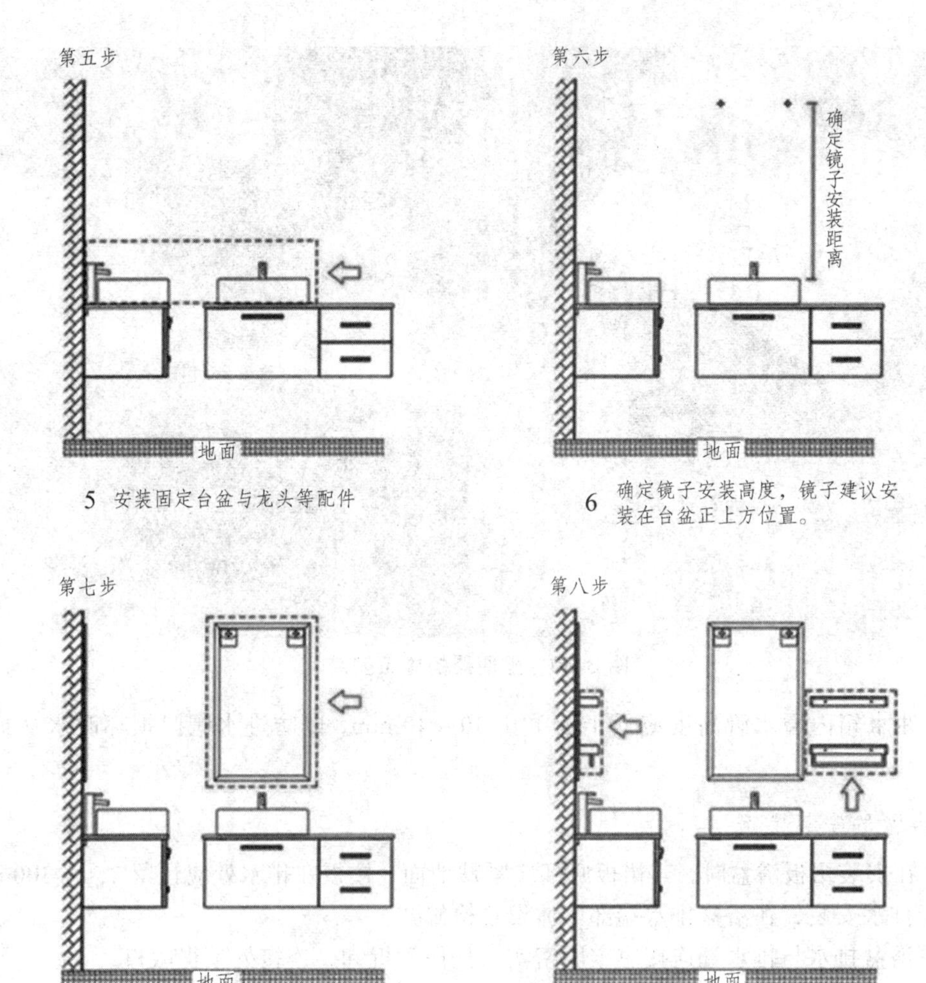

图 3-29 集成盥洗用具安装

3.3.4 集成卫生洁具安装

1. 坐便器的施工安装（图 3-30）

（1）给水管安装角阀高度一般距地面至角阀中心为 250 mm。如安装连体坐便器，应根据坐便器进水口离地高度而定，但不小于 100 mm。给水管角阀中心一般在污水管中心左侧 150 mm 或根据坐便器实际尺寸定位。

（2）低水箱坐便器水箱应用镀锌开脚螺栓或用镀锌金属膨胀螺栓固定。

（3）带水箱及连体坐便器水箱后背部离墙应不大于 20 mm。

（4）坐便器安装应用不小于 6 mm 镀锌膨胀螺栓固定，坐便器与螺母间应用软性垫片固定，污水管应露出地面 10 mm。

（5）坐便器安装时应先在底部排水口周围涂满油灰，然后将坐便器排出口对准污水管口慢慢地往下压挤密实填平整，再将垫片螺母拧紧，清除被挤出油灰，在底座周边用油灰填嵌密实后立即用回丝或抹布揩擦清洁。

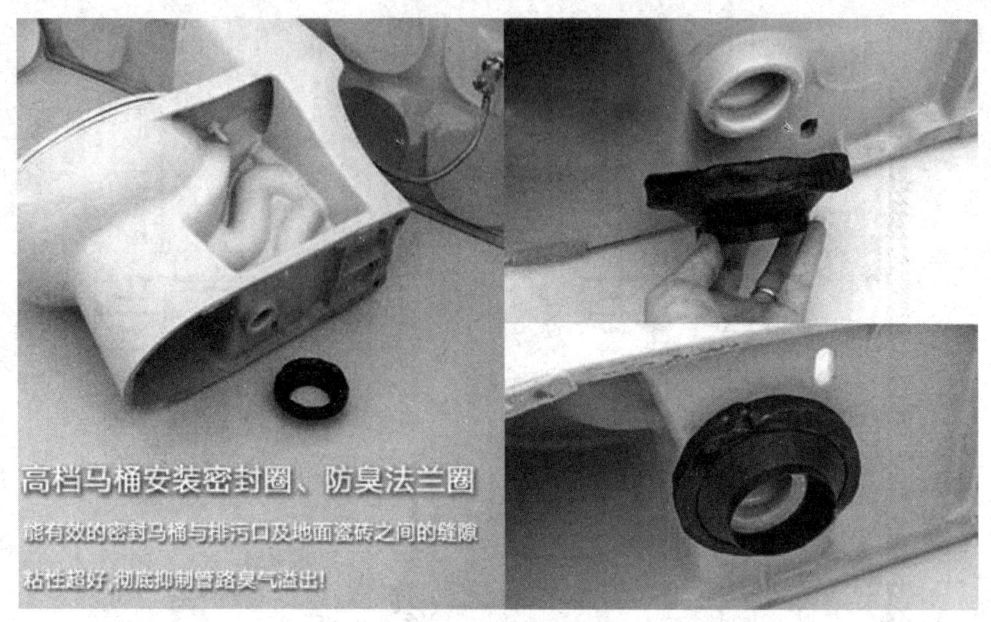

图 3-30　坐便器的施工安装

（6）冲水箱内溢水管高度应低于扳手孔 30～40 mm，以防进水阀门损坏时水从扳手孔溢出。

2. 浴盆的安装要点

（1）在安装裙板浴盆时，其裙板底部应紧贴地面，楼板在排水处应预留 250～300 mm 洞孔，便于排水安装，在浴盆排水端部墙体设置检修孔。

（2）浴盆排水与排水管连接应牢固密实，且便于拆卸，连接处不得敞口。

（3）各种浴盆冷、热水龙头或混合龙头其高度应高出浴盆上平面 150 mm，安装时应不损坏镀铬层，镀铬罩与墙面应紧贴。

（4）固定式淋浴器、软管淋浴器其高度可按有关标准或按用户需求安装。

（5）浴盆安装上平面必须用水平尺校验平整，不得侧斜。浴盆上口侧边与墙面结合处应用密封膏填嵌密实。

3. 卫生洁具安装注意事项

（1）安装卫生洁具时，宜采用预埋支架或用膨胀螺栓进行固定。陶瓷件与支架接触处平稳粘贴，必要时加软垫。用膨胀螺栓固定时，螺栓加软垫，且不得用力过猛紧固螺栓。

（2）管道或附件与洁具的陶瓷连接处，应垫以胶皮、油灰等垫料或填料。大便器、小便器排水出口用油灰填充，不得使用砂浆。固定脸盆等排水接头时，应通过旋紧螺母来实现，不得强行旋转落水口。

3.3.5　整体卫浴安装注意事项

（1）首先要清楚整体卫浴尺寸的预埋孔位应在卫生间未装修前就先设计好，以免后续安装时带来太多的麻烦。

（2）如果已安装好供水系统和瓷砖的最好定做淋浴房，否则需要重新返工，这样损失就太大了。

（3）为了安全起见布线漏电保护开关装置等应该在沐浴房安装前考虑好，以免返工。

（4）沐浴房的样式依卫生间布局而定，常见的有转角形和一字形。

（5）整体卫浴淋浴房必须与建筑结构牢固连接，不能晃动。

（6）整体卫浴安装后的外观需整洁明亮，拉门和移门相互平行或垂直，左右对称、移门要开闭流畅，无缝隙、不渗水，淋浴房和底盆间用硅胶密封。

拓展实训

（1）参观装配式卫生间与厨房实地案例。

（2）了解装配式卫生间与厨房的材料与施工工艺。

（3）参观装配式细部工程实地案例。

第 4 章　细部工程施工安装

4.1　楼梯工程施工

在家庭装修中，楼梯是很关键的部位，起着连上接下的作用。高档次的成品楼梯一般都呈部件化，可在家里现场装配完工。以往室内楼梯装修都依靠现场施工，不但工程量大，质量也难以控制，对室内环境也造成了污染。因此，装配式楼梯逐渐成为目前室内楼梯装修中的重要工艺。首先，了解下室内楼梯有哪些类型，以及室内楼梯装修注意事项。

4.1.1　楼梯的种类

楼梯主要有下面几种：

（1）直梯：因为占用的空间太多，目前市场分量小。

（2）弧梯：适合大型复式房（图 4-1）。

图 4-1　弧　梯

（3）折梯：适合多数复式房的设计（图 4-2）。

（4）旋梯：此为折梯的变种。

图 4-2 折 梯

4.1.2 装配式钢木楼梯的安装步骤（图 4-3）

（1）龙骨表面经过喷塑处理，预留出连接孔。事先预埋木质材料，现场钻孔将连接件挂上。钻孔后将龙骨用膨胀螺丝固定到墙体。

（2）将中间段的龙骨连接成整体一段。连接好的整段龙骨挂到前段龙骨。用卷尺测量左右距离，保证龙骨的位置居中。

（3）用水平仪测量，保证龙骨的水平摆放，确定位置后将同地面连接的支撑龙骨钻孔。膨胀螺丝需深入地面近 10 cm，使龙骨稳定牢靠。

（4）软性塑料封套封住洞口，既作装饰又防磕碰。出厂前的踏步板已经过油漆处理，用塑料薄膜封好，每块踏步上需贴有编号，安装时严格按照顺序。

（5）将踏步板摆放在龙骨上，通过水平仪保证踏步板水平放置。冲击钻钻孔后将龙骨同踏步板固定。考虑到受力因素，对楼梯的转角踏步板特别加固。

（6）栏杆扶手为现成部件，现场只需要简单连接即可。测量栏杆垂直与否，为固定栏杆和安装扶手做准备，固定冲击钻钻孔后将栏杆同踏步板固定连接。

（7）楼梯转角处的栏杆同该处的踏步板一样也经加固，将栏杆上的塑料连接件钻孔，用螺丝同扶手牢牢固定。

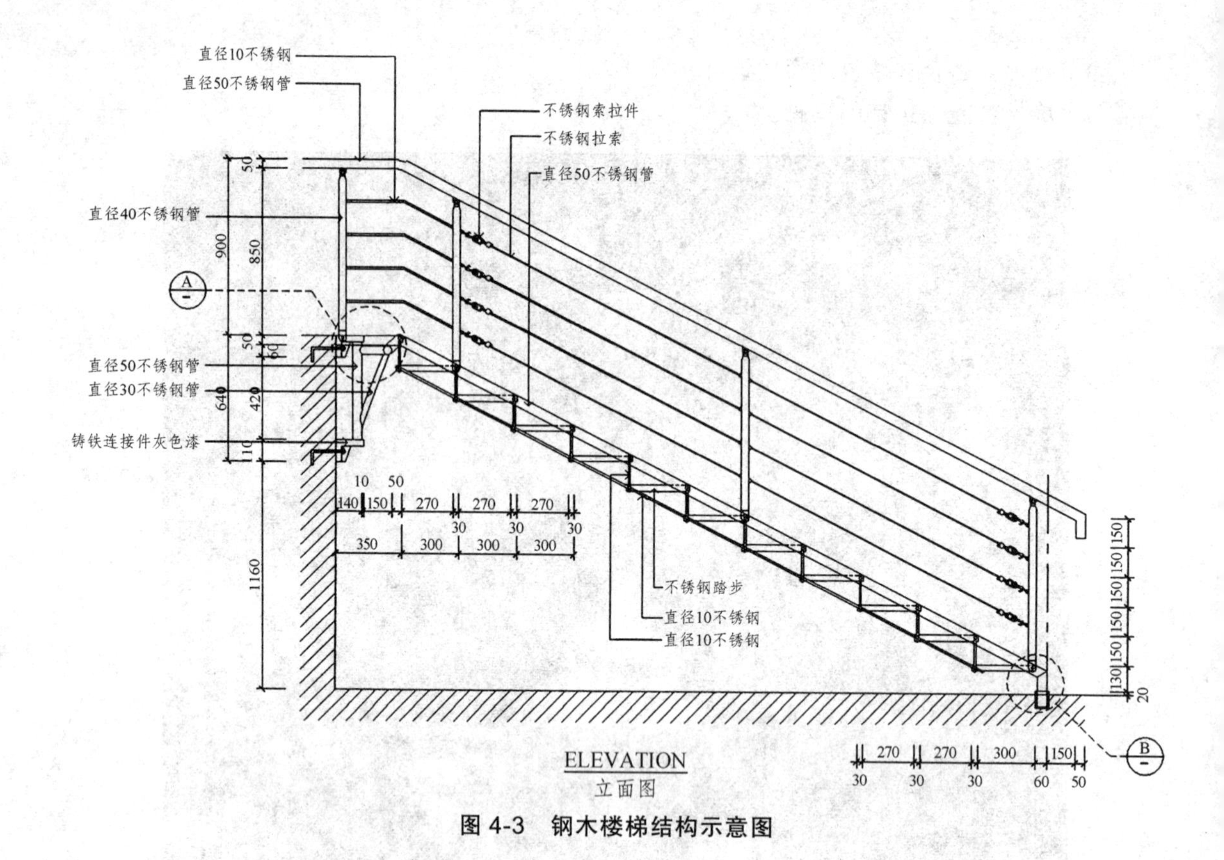

图 4-3　钢木楼梯结构示意图

4.1.3　室内楼梯装修注意事项

1. 楼梯装修应与物业沟通

一般复式和跃层住宅中的楼梯是可以拆除改造的，而单体式和错层式住宅中的楼梯则不能随意拆掉改建。但无论是何种住宅结构，在拆掉原有建筑构件时都应首先与物业部门联系沟通。

2. 楼梯装修应与厂家沟通

楼梯在安装前，应在整体装修之前与楼梯设计师进行方案的交流和询价，因为楼梯要与整体装修相协调，从款式、材质到坡度等都要提前计划，同时楼梯的生产需要有 30～40 天的周期。

3. 测量与设计

工程师或装修设计师会上门测量，采集所有楼梯洞口的技术数据。如选用成品楼梯，厂家的设计师应与装修公司的设计师进行现场沟通，以确定最佳方案，设计师出平面彩色效果图。

4. 楼梯装配

高档次的成品楼梯一般都呈部件化，可在现场装配完工。工厂化加工的楼梯不但保证质量，造型也更加丰富，最大的优点是施工安装更加快速、方便。只要确定室内设计初始方案，确定楼洞开口，就可以直接进行装修安装。同时，楼梯安装只需 2 个工人，少则几小时，多则 3 天，就可完成。这大大地节约了经济成本和时间成本。

4.2　套装门安装

套装门是由门扇、门框、门套条三件装组合而成，一般是指以实木作为主材，外压贴中密度板作为平衡层，以国产或进口天然木皮作为饰面，经过高温热压后制成，外喷饰高档环保木器漆的复合门。套装门的安装具体需要分为4个安装步骤。

1. 门套安装（图4-4）

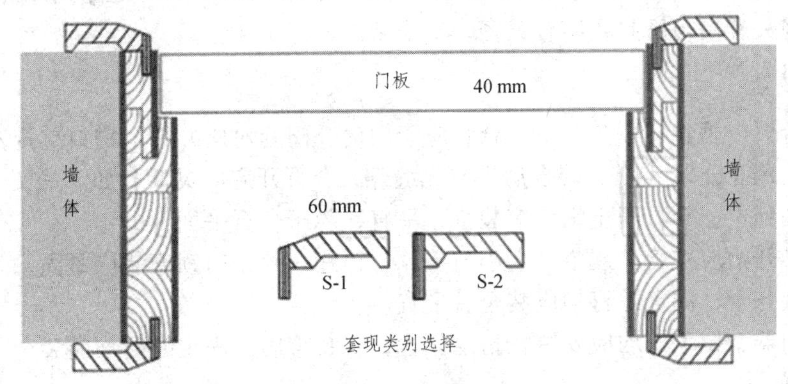

图4-4　门套安装

（1）门套装配连接处，应严密、平整、无黑缝；固定配件应锁紧；门套对角线应准确，2 m以内允许公差小于1 mm，2 m以上允许小于1.5 mm。

（2）门套装好后，应三维水平垂直，垂直度允许公差+2 mm，水平平直度公差允许+1 mm；门套与墙体间结合应有固定螺钉（每延米不少于3个）；门套宽度在200 mm以上应加装固定铁片；门套与墙之间缝隙用发泡胶双面密封，发泡胶应涂匀，干后切割平整。

2. 套线安装（图4-5）

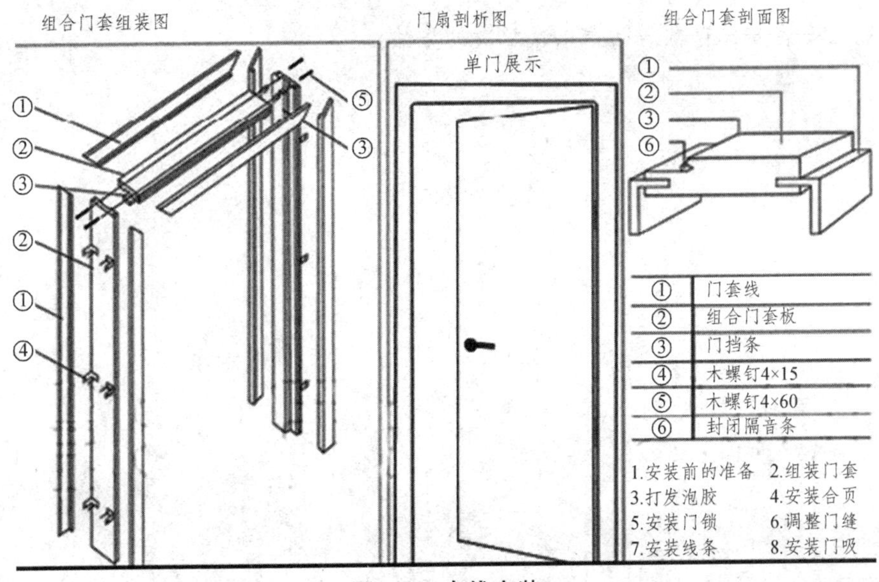

图4-5　套线安装

套线安装应均匀涂胶与门套、墙体固定，套线接口处应平整、严密、无缝隙，安装后同侧套线在一个平面；因墙体不平时，必须保证套线接口平整。套线弯度允许公差 1 mm，套线与墙体缝隙应用密封胶填缝处理。

3. 门扇安装

（1）门扇安装后，应平整、垂直，门扇与门套外露面相平；门扇开启无异响，开关灵活自如。

（2）门套与门扇间缝隙，下缝为 6 mm，其余三边为 2 mm；所有缝隙允许公差 + 0.5 mm。

（3）门扇关严后与密封条结合紧密，不摆动。

4. 五金安装

（1）门合页应垂直、平整；平口合页应于门扇、门套对应开槽，槽口应规范，大小与合页相同，三边允许公差 + 0.5，装合后平整无缝隙，合页开启应灵活自如。三叉合页按模具安装，插销应插到位。合页固定螺钉应装全、平直，隐于合页平面。

（2）门锁开槽应准确、规范，大小与锁体、锁片一致；门锁安装应紧固，开锁自如无异响；配件安装齐全，固定螺钉均应装全、平直。

（3）闭门器、拉手等均应安装在指定位置，安装牢固。固定螺钉均应装全、平直，装后配件效果良好。

（4）安装完成后，检查套线、门线与地面结合缝隙。整体应平整划一，开启自如灵活，外观无刻划痕。

拓展实训

（1）实地参观学习楼梯、套装门的安装过程。

（2）掌握楼梯、套装门安装施工。

（3）现在安装方式存在的问题以及解决的方法。

第5章　装配式建筑装饰施工组织与管理

装配式装修将工厂生产的部品部件在现场进行组合安装的装修方式，整体施工是功能空间的固定面装修和设备设施安装全部完成，达到建筑使用功能和建筑性能的基本要求。施工便携、快速、省时、省力，在施工组织管理方面重点在于计划工期合理安排进度。因此本章节重点表达装配式施工组织与管理的流水施工。对于较烦琐的建设工程项目需要配合网络计划，但装配式装修是将工厂生产的部品系统由产业人员按照相关标准进行施工，故此本章不做网络计划说明。

5.1　施工组织与管理概述

5.1.1　装配式建筑装饰施工组织与管理的定义

装配式建筑装饰施工组织与管理是指为了保护建筑物的主体结构，完善建筑物的使用功能和美化建筑物,采用装饰装修材料或饰物对建筑物的内外表面及空间进行的各种处理过程。

5.1.2　装配式建筑装饰装修工程施工组织设计

施工组织设计是我国在工程建设领域长期沿用下来的名称，西方国家一般称为施工计划或工程项目管理计划。在《建设项目工程总承包管理规范》（GB/T 50358—2005）中，把施工单位的这部分工作分成了两个阶段，即项目管理计划和项目实施计划。施工组织设计既不是这两个阶段中某一阶段的内容，也不是两个阶段内容的简单合成，它是综合了我国长期使用的惯例和各地方的实际使用效果而逐步积累的内容精华。施工组织设计在投标阶段通常被称为技术标，但它不是仅包含技术方面的内容，同时也涵盖了施工管理和造价控制方面的内容，是一个综合性的文件。

施工组织设计（construction organization plan）是以施工项目为对象编制的，用以指导施工的技术、经济和管理的综合性文件。建筑装饰装修工程施工组织设计是指导建筑装饰装修工程施工全过程各项活动的一个经济、技术、组织等方面的综合性文件。它以一个建筑装饰装修工程为对象，运用统筹的基本原理和方法，利用先进的装饰施工技术，预见性地规划和部署施工生产活动，制订科学合理的施工方案和技术组织措施，对整个建筑装饰装修工程进行全面规划，从而有组织、有计划、有秩序地均衡生产，优质高效地完成建筑装饰装修工程。

5.1.3 基本建设与基本建设项目

基本建设是指固定资产的建设，是利用国家预算内的资金、自筹资金、国内外基本建设贷款以及其他专项资金进行的，以扩大生产能力或新增工程效益为主要目的的新建、扩建工程及有关工作。基本建设是国民经济的组成部分，是社会扩大再生产、提高人民物质文化生活和加强国防实力的重要手段。有计划、有步骤地进行基本建设，对于扩大和加强国民经济的物质技术基础，调整国民经济重大比例关系，调整部门结构，合理分布生产力，不断提高人民物质文化生活水平等方面都具有十分重要的意义。

基本建设项目简称建设项目（construction project）。凡按一个总体设计的建设工程并组织施工，在完工后具有完整的系统，可以独立地形成生产能力或使用价值的工程，称为一个建设项目。例如：在工业建设中，以一个企业为一个建设项目，如一座工厂；在民用建筑中，以一个事业单位为一个建设项目，如一所学校。分期建设的大型工程，如果分为几个总体设计，则就有几个建设项目。凡执行基本建设项目投资的企业或事业单位称为基本建设单位，简称建设单位。建设单位在行政上是独立的组织，独立进行经济核算，可以直接与其他单位建立经济往来关系。

1. 建设项目的分类

按照不同的角度，可以将建设项目分为不同的类别。

（1）按照建设性质分类，建设项目可分为基本建设项目和更新改造项目。基本建设项目为新建项目、扩建项目、拆建项目和重建项目；更新改造项目包括技术改造项目和技术引进项目。

（2）按照建设规模分类，基本建设项目按照设计生产能力和投资规模分为大型项目、中型项目和小型项目三类；更新改造项目按照投资额分为限额以上项目和限额以下项目。

（3）按照建设项目的用途分类，建设项目可分为生产性建设项目（包括工业、农田水利、交通运输、商业物资供应、地质资源勘探等）和非生产性建设项目（包括文教、住宅、卫生、公用生活服务事业等）。

（4）按照建设项目投资的主体分类，建设项目可分为国家投资、地方政府投资、企业投资、“三资”企业投资以及各类投资主体联合投资的建设项目。

2. 建设项目的组成

一个建设项目，为了便于控制、检查、评定和监督每个工序和工种的工作质量，需要把整个工程逐级划分为单位（子单位）工程、分部（子分部）工程、分项工程和检验批。

1）单位（子单位）工程

单位工程是指具备独立施工条件并能形成独立使用功能的建筑物及构筑物。例如：工业建设项目中各个独立的生产车间、办公楼；民用建设项目中，一个学校的教学楼、食堂、图书馆等。这些都可以称为一个单位工程。

建筑规模较大的单位工程可将其能形成独立使用功能的部分称为一个子单位工程。子单位工程的划分一般可根据工程的建筑设计分区、使用功能的显著差异、结构缝的设置等实际情况，在施工前由建设单位、监理单位和施工单位自行商定，并据此收集整理施工技术资料供验收之用。如高层建筑的裙房可作为子单位工程。

2）分部（子分部）工程

组成单位工程的若干个分部称为分部工程。分部工程的划分应按照建筑部位、专业性质确定。当分部工程较大或较复杂时，可按材料种类、施工特点、施工程序、专业系统及类别等划分为若干个子分部工程。一个单位（子单位）工程一般由若干个分部（子分部）工程组成。如建筑工程可划分为地基与基础、主体结构、建筑装饰装修、建筑屋面、建筑给水排水及采暖、建筑电气、通风与空调、电梯和智能建筑等九个分部工程。而建筑装饰装修工程作为一项分部工程，其地面工程、细部工程、门窗工程、幕墙工程等为子分部工程。

3）分项工程

分项工程是分部工程的组成部分。分项工程应按主要工种、材料、施工工艺、设备类别等进行划分。建筑装配式装修工程子分部工程及其分项工程划分详见表 5-1。

表 5-1　建筑装配式装修工程子分部工程及其分项工程划分

项次	子分部工程	分项工程
1	顶地棚工程	集成吊顶、干式工法楼（地）面
2	墙体工程	集成墙体
3	集成空间	集成厨房、集成卫生间
4	隐蔽工程	管线与结构分离

4）检验批

分项工程可由一个或若干个检验批组成。检验批可根据施工及质量控制和专业验收需要按楼层、施工段、变形缝、面积、数量等进行划分。例如《建筑装饰装修工程质量验收规范》中规定，对于室内抹灰工程，相同材料、工艺和施工条件的室外抹灰工程每 500～1 000 m^2 应划分为一个检验批，不足 500 m^2 也应划分为一个检验批。

5.1.4　基本建设程序

基本建设程序是建设项目在整个建设过程中各项工作必须遵守的先后顺序，它是几十年来我国基本建设工作实践经验的总结，是拟建项目在整个建设过程中必须遵循的客观规律。

基本建设程序一般可分为以下 4 个阶段。

1. 投资决策阶段

这个阶段是基本建设项目及其投资的决策阶段，它是根据国民经济中、长期发展规划进行项目的可行性研究，编制建设项目的计划任务书（又叫设计任务书）。其主要工作包括调查研究，经济论证，选择与确定建设项目的地址、规模和时间要求。

2. 勘察设计阶段

这个阶段是基本建设项目的工程准备阶段，它主要是根据批准的计划任务书进行勘察设计，做好建设准备工作，安排建设计划。其主要工作包括工程地质勘查、初步设计、扩大初步设计和施工图设计，编制设计概算，设备订货，征地拆迁，编制分年度的投资及项目建设计划等。

3. 项目施工阶段

这个阶段是基本建设项目及其投资的实施阶段，是根据设计图纸和技术文件进行建筑施工，做好生产或使用准备，以保证建设计划的全面完成。施工前要认真做好图纸的会审工作，编制施工图预算和施工组织设计，明确投资、进度、质量的控制要求。施工中要严格按照施工图施工，如需要变更应取得设计单位的同意，要坚持合理的施工程序和顺序，要严格执行施工验收规范，按照质量评定标准进行工程质量验收，确保工程质量。对质量不合格的工程要及时采取措施，不留隐患，不合格的工程不得交工。施工单位必须按合同规定的内容全面完成施工任务。

4. 竣工验收和交付使用阶段

工程竣工验收是建设程序的最后一步，是全面考核建设成果、检验设计和施工的重要步骤，也是建设项目转入生产和使用的标志。对于建设项目的竣工验收，要求生产性项目经负荷试运转和试生产合格，并能够生产合格产品；非生产性项目要符合设计要求，能够正常使用。验收结束后，要及时办理移交手续，交付使用。

5.1.5 建筑装饰装修工程施工组织设计的内容

建筑装饰装修工程施工组织设计应包括编制依据、工程概况、施工部署、施工进度计划、施工准备与资源配置计划、主要施工方案、施工现场平面布置及主要施工管理计划等基本内容。在实际工程中，可根据装饰装修工程的具体情况，对施工组织设计的内容进行添加或删减。

5.1.6 建筑装饰装修工程施工组织设计的作用

建筑装饰装修工程施工组织设计是施工前的必要准备工作之一，是合理组织施工和加强施工管理的一项重要措施，它对保质、保量、按时完成整个装饰装修工程任务具有决定性的作用。其作用主要表现为：

（1）它是沟通设计和施工的桥梁，也可以用来衡量设计方案的施工可能性。

（2）它对拟装饰装修工程从施工准备到竣工验收全过程起到战略部署和战术安排的作用。

（3）它是施工准备工作的重要组成部分，对及时做好各项施工准备工作起到促进作用。

（4）它是编制施工预算和施工计划的主要依据。

（5）它是对施工过程进行科学管理的重要手段。

（6）它是装饰装修工程施工企业进行经济技术管理的重要组成部分。

5.1.7 施工组织设计的分类

施工组织设计按编制对象可分为施工组织总设计、单位工程施工组织设计和施工方案。施工组织总设计（general construction organization plan）是以若干单位工程组成的群体工程或特大型项目为主要对象编制的施工组织设计，对整个项目的施工过程起统筹规划、重点控制的作用；单位工程施工组织设计（construction organization plan for unit project）是以单位

（子单位）工程为主要对象编制的施工组织设计，对单位（子单位）工程的施工过程起指导和制约作用；施工方案（construction scheme）是以分部（分项）工程或专项工程为主要对象编制的施工技术与组织方案，用以具体指导其施工过程。建筑装饰装修工程施工组织设计还可以按照编制阶段的不同分为投标阶段施工组织设计和实施阶段施工组织设计。实际工程中，编制投标阶段施工组织设计强调的是符合招标文件要求，以中标为目的；而编制实施阶段施工组织设计强调的是可操作性，同时鼓励企业技术创新。

5.1.8 建筑装饰装修工程施工准备工作

建筑装饰装修工程施工准备工作是指施工前从组织、技术、资金、劳动力、物资、生活等方面，为了保证施工顺利进行，事先要做好的各项工作。它是施工程序中的重要环节，不仅存在于开工之前，而且贯穿于整个施工过程之中。

1. 建筑装饰装修工程施工准备工作的意义和任务

现代化的建筑装饰装修工程施工是一项十分复杂的生产活动，它不但具有一般建筑工程的特点，还具有工期短、质量严、工序多、材料品种复杂、与其他专业交叉多等特点。如果事先缺乏统筹安排和准备，将会造成某种混乱，使施工无法进行，这样虽有加快施工进度的主观愿望，但往往造成事与愿违的客观结果，欲速则不达。而前期全面细致地做好施工准备工作，对调动各方面的积极因素，按照建筑装饰装修工程工序，合理组织人力、物力，加快施工进度，降低施工风险，提高工程质量，节约资金和材料，提高经济效益，都会起到积极的作用。因此，严格遵守施工程序，按照客观规律组织施工，做好各项施工准备工作，是施工顺利进行和工程圆满完成的重要保证。

建筑装饰装修工程施工准备工作的主要任务是：掌握工程的特点、技术和进度要求，了解施工的客观规律，合理安排、布置施工力量，充分及时地从人力、物力、技术、组织等方面为施工的顺利进行创造必要的条件。

2. 建筑装饰装修工程施工准备工作的要求

1）注重双方的相互配合

建筑装饰装修工程的施工工作项目多，涉及范围广，与其他专业（水、电、暖等）交叉较多，因此，在做施工准备工作时，不仅装饰装修工程施工单位要做好施工准备工作，施工中涉及的其他单位也要做好准备工作。

2）有计划、有组织、有步骤地分阶段进行

建筑装饰装修工程施工准备不仅要在施工前集中进行，而且要贯穿于整个工程过程。建筑装饰装修工程施工场地相对比较狭小，及时地、分阶段地做好施工准备工作，能最大限度地利用工作面，加快施工进度，提高工作效率。因此，随着工程施工进度的不断进展，在各分部分项工程施工前，及时做好相应的施工准备工作，为各项施工的顺利进行创造必要的条件。

3）建立相应的检查制度

由于施工准备工作是贯穿于整个施工过程中的，因此对施工准备工作要建立相应的检查制度，以便经常督促，及时发现问题，不断改进工作。

4）建立严格的责任制

按施工准备工作计划将工作责任落实到有关部门和人员，明确各级技术负责人在施工准备工作中应负的责任，做到责任到人。

5）执行开工报告、审批制度

建筑装饰装修工程的开工，是在施工准备工作完工以后，具备了开工条件，项目经理写出开工报告，经申报上级批准，才能执行的。实行建设监理的工程，企业还需将开工报告送监理工程师审批，由监理工程师签发开工通知书，在限定时间内开工，不得拖延。

3. 建筑装饰装修工程施工准备工作的分类

1）按准备工作的范围分

（1）全场性的施工准备工作。它是以整个建筑装饰装修工程群为对象进行的各项施工准备，其施工准备工作的目的、内容都是为全场性施工服务的，如全场性的仓库、水电管线等。

（2）单位工程施工条件准备。它是以一个单位工程的装饰装修为对象而进行的施工条件准备工作，其施工准备的目的、内容都是为单位工程装饰装修工程服务的，如单位工程装饰装修工程的材料、施工机具、劳动力准备工作等。

（3）分部分项工程施工作业条件准备。它是以单位工程装饰装修工程中的分部分项工程为编制对象，其施工准备工作的目的、内容都是为分部分项工程施工服务的，如分部分项工程施工技术交底、工作面条件、机械施工、劳动力安排等。

2）按工程所处施工阶段分

（1）开工前的施工准备阶段。它是在拟建装饰装修工程正式开工之前所做的一切准备工作，其目的是为拟建工程正式开工创造必要的施工条件。

（2）开工后的施工准备阶段。它是在拟建工程开工后各个施工阶段正式开工前所做的施工准备。

4. 建筑装饰装修工程施工准备工作的内容

建筑装饰装修工程施工准备工作的内容主要包括技术准备和施工条件与物资准备。技术准备工作主要是在室内进行，其内容有熟悉和审查图纸、收集资料、编制施工组织设计、编制施工预算等；施工条件与物资准备工作主要是为建筑装饰装修工程全面施工创造良好的施工条件和物资保证。

5.1.9 建筑装饰装修工程组织施工的原则

在组织建筑装饰装修工程施工或编制施工组织设计时，应根据装饰装修工程施工的特点和以往积累的经验，遵循以下几项原则。

1. 认真贯彻执行党和国家的方针、政策

在编制建筑装饰装修工程施工组织设计时，应充分考虑党和国家有关的方针政策，严格审批制度；严格按基本建设程序办事；严格执行建筑装饰装修工程施工程序；严格执行国家制定的规范、规程。

2. 严格遵守合同规定的工程开、竣工时间

对总工期较长的大型装饰装修工程，应根据生产或使用要求，安排分期分批进行建设、投产或交付使用，以便早日发挥经济效益。在确定分期分批施工的项目时，必须注意使每期交工的项目可以独立地发挥效用，即主要施工项目同有关的辅助施工项目应同时完工，可以立即交付使用。如新建大型宾馆首层大厅餐饮区，在装饰施工时应作为首期交工项目尽早完工，以发挥最大的经济效益。

3. 施工程序和施工顺序安排的合理性

建筑装饰产品的特点之一是产品的固定性,因而使装饰装修工程施工在同一场地上进行，没有前一阶段的工作，后一阶段就很难进行，即使它们之间交叉搭接进行，也必须遵守一定的程序和顺序。装饰装修工程施工的程序和顺序反映了其施工的客观要求，交叉搭接则体现争取时间的主观努力。在组织施工时，必须合理地安排装饰装修工程施工的程序和顺序，避免不必要的重复、返工，加快施工速度，缩短工期。

4. 采用国内外先进的施工技术，科学地确定施工方案

在选择施工方案时，要积极采用新材料、新工艺、新技术；注意结合工程特点和现场条件，使技术的先进适用性和经济合理性相结合，防止单纯追求技术的先进性而忽视经济效益的做法；符合施工验收规范、操作规程的要求和遵守有关防火、保安及环卫等规定，确保工程质量和施工安全。

5. 采用网络计划技术和流水施工方法安排进度计划

在编制施工进度计划时，从实际出发，采用网络计划技术和流水施工方法安排进度计划，以保证施工连续、均衡、有节奏地进行，合理地使用人力、物力、财力，做好人力、物力的综合平衡，做到多、快、好、省，安全地完成施工任务。对于那些必须进入冬、雨季施工的项目，应落实季节性施工的措施，以增加施工的天数，提高施工的连续性和均衡性。

6. 合理布置施工平面图，减少施工用地

对于新建工程的装饰装修，应尽量利用土建工程的原有设施（脚手架、水电管线等），以减少各种临时设施；尽量利用当地资源，合理安排运输、装卸与存放。减少物资的运输量，避免二次运输；精心进行场地规划，节约施工用地，防止施工事故。

7. 提高建筑装饰装修工业化程度

应根据地区条件和作业性质，通过技术经济比较恰当地选择预制施工或现场施工，充分利用现有的机械设备，以发挥其最大的效率，努力提高建筑装饰装修施工的工业化程度。

8. 充分合理地利用机械设备

在现代化的装饰装修工程施工中，采用先进的装饰装修施工机具是加快施工进度、提高施工质量的重要途径。同时，对施工机具的选择，除注意机具的先进性外，还应注意选择与之相配套的辅件，如电钻在使用时要根据材料部位的不同，配有不同的钻头。

9. 尽量降低装饰装修工程成本，提高经济效益

充分利用已有的设施、设备，因地制宜，就地取材，制定节约能源和材料的措施，合理安排人力、物力，做好综合平衡调度，提高经济效益。

10. 严把安全、质量关

施工过程中要严格执行施工验收规范、操作规程和质量检验评定标准，从各方面制定保证质量的措施。预防和控制影响工程质量的各种因素。建立健全各项安全管理制度，制定确保安全施工的措施，并在施工过程中经常进行检查和监督。

5.2 流水施工的基本原理

流水施工来源于“流水作业”，是流水作业原理在建筑工程施工组织中的具体应用。流水施工是一种比较科学的组织施工的方法，用该方式组织施工可以取得较好的经济效益，因此，在建筑装饰装修工程实际组织施工中通常被广泛采用。

5.2.1 流水施工的概念

1. 图形表达形式

流水施工常见的图形表达形式有横道图[图 5-1（a）]和垂直图表[图 5-1（b）]，其中较为常用的是横道图。

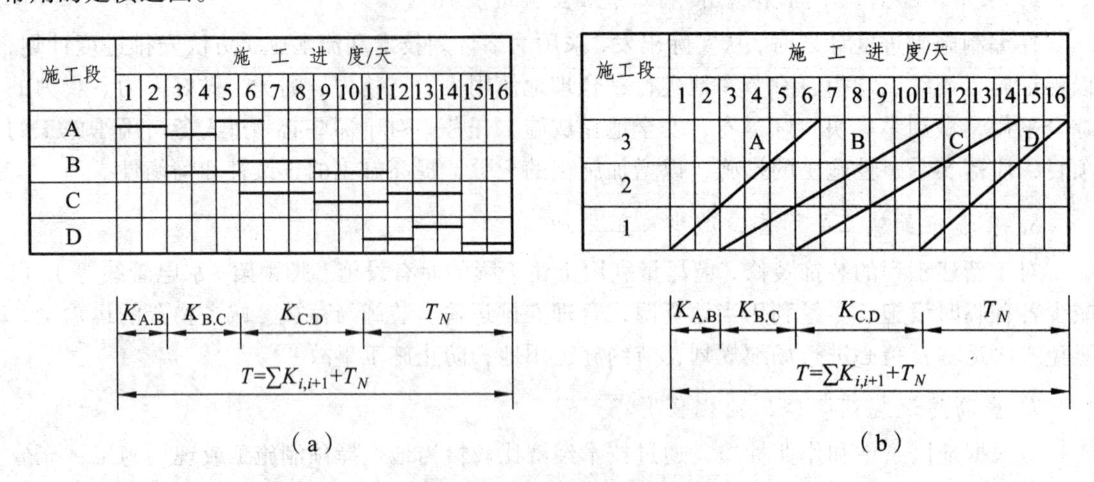

图 5-1 流水施工图形表达形式

图 5-1（a）所示的横道图中，其左边垂直方向列出各施工过程的名称，右边用水平线段表示施工的进度；各个水平线段的左边端点表示工作开始施工的瞬间，水平线段的右边端点表示工作在该施工段上结束的瞬间，水平线段的长度代表该工作在该施工段上的持续时间。

图 5-1（b）所示的垂直图表中水平方向表示施工的进度，垂直方向表示各个施工段，各条斜线分别表示各个施工过程的施工情况。斜线的左下方表示该施工过程开始施工的时间，斜线的右上方表示该施工过程结束的时间，斜线间的水平距离表示相邻施工过程开工的时间间隔。

2. 组织施工的 3 种方式

任何建筑装饰装修工程的施工都可以分解为许多施工过程，每一个施工过程又可以有一个或多个专业或混合的施工班组负责进行施工。在每个施工过程的活动中，都包括各项资源的调配问题，其中，最基本的是劳动力的组织安排问题。劳动力的组织安排不同，施工方法也不相同。通常情况下，组织施工可以采用依次施工、平行施工和流水施工三种方式。现就三种方式的施工特点和效果分析如下。

【例 5.1】 现有三幢同类型房屋进行同样的装饰装修，按一幢为一个施工段。已知每幢房屋装饰装修都大致分为顶棚、墙面、地面、踢脚线四个部分。各部分所花时间为 4 周、2 周、3 周、2 周，顶棚施工班组的人数为 10 人，墙面施工班组的人数为 15 人，地面施工班组的人数为 10 人，踢脚线施工班组的人数为 5 人。要求分别采用依次、平行、流水的施工方式对其组织施工，分析各种施工方式的特点。

1）依次施工

依次施工也叫顺序施工，是各施工段或各施工过程依次开工，依次完工的一种组织施工的方式。具体地说，依次施工可以分为两大类：

（1）按施工过程依次施工。

① 按施工过程依次施工的定义及计算公式：

a. 按施工过程依次施工的定义：

按施工过程依次施工是指从事第一个施工过程的施工班组在所有施工段施工完毕后，第二个施工过程的施工班组再进入第一个施工段开始施工，依次类推的一种组织施工的方式。按施工过程依次施工的进度计划如图 5-2 所示。

施工过程	过程代号	班组人数	施工进度/周																													
			1	2	3	4	5	6	7	8	9	10	11	12	13	14	15	16	17	18	19	20	21	22	23	24	25	26	27	28	29	30
顶棚	A	10																														
墙面	B	15																														
地面	C	10																														
踢脚线	D	5																														

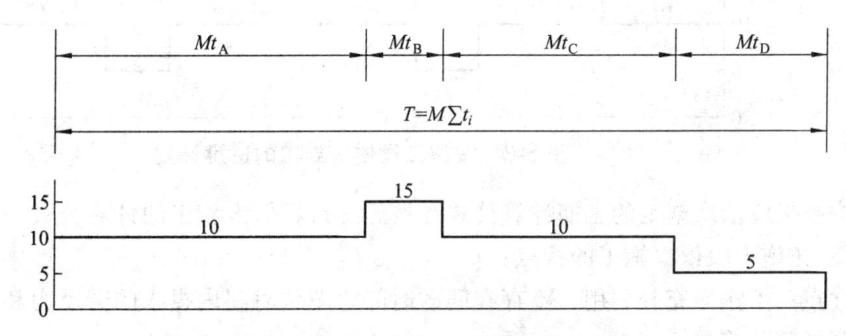

图 5-2 按施工过程依次施工的进度计划

b. 按施工过程依次施工的工期：

$$T = M\sum t_i$$

式中　M——施工段数或房屋幢数；

t_i——各施工过程在一个段上完成施工任务所需时间；

T——完成该工程所需总工期。

② 按施工过程依次施工的特点：

优点：单位时间内投入的劳动力和各项物资较少，施工现场管理简单；从事某过程的施工班组能连续均衡地施工，工人不存在窝工情况。

缺点：工作面不能充分利用；施工工期长。

（2）按施工段依次施工。

① 按施工段依次施工的定义及计算公式：

按施工段依次施工是指同一施工段的若干个施工过程全部施工完毕后，再开始第二个施工段的施工，依次类推的一种组织施工的方式。按施工段依次施工的进度计划如图 5-3 所示。其中，施工段是指同一施工过程划分的工程量大致相等的若干个部分。

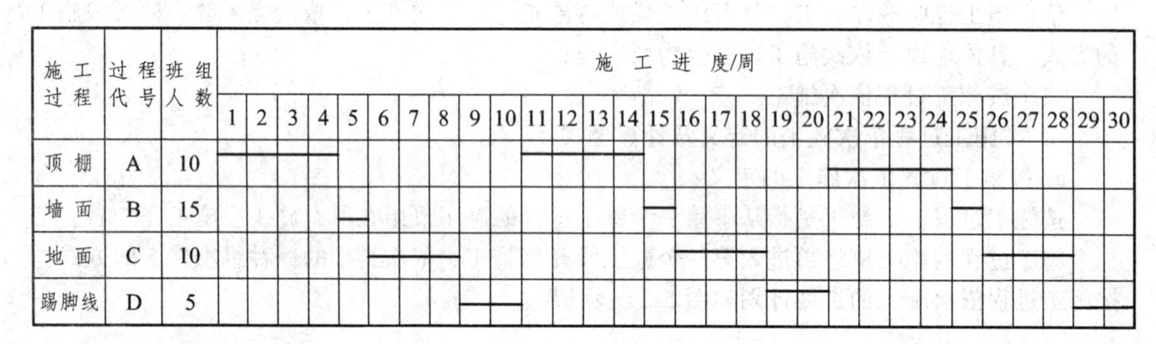

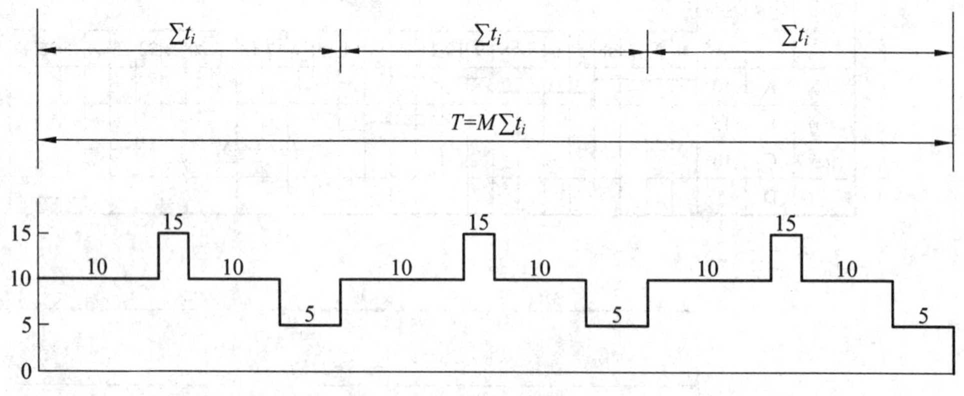

图 5-3　按施工段依次施工的进度计划

按施工段依次施工的工期计算公式与按施工过程依次施工的计算公式一样。

② 按施工段依次施工的特点：

优点：工作面充分利用，不存在间歇时间；单位时间内投入的劳动力和各项物资较少，施工现场管理简单。

缺点：从事某过程的施工班组不能连续均衡地施工，工人存在窝工情况；施工工期长。

因此，根据特点可知，依次施工适用于规模较小、工作面有限的小型装饰工程，如图 5-3 所示。

2）平行施工

（1）平行施工的定义及计算公式：

平行施工是指所有的施工过程的各个施工段同时开工、同时结束的一种施工组织方式。将上述三幢房屋装修采用平行施工组织方式，进度计划如图 5-4 所示。

施工过程	施工过程	施工过程	施 工 进 度/周									
			1	2	3	4	5	6	7	8	9	10
顶 棚	A	10										
墙 面	B	15										
地 面	C	10										
踢脚线	D	5										

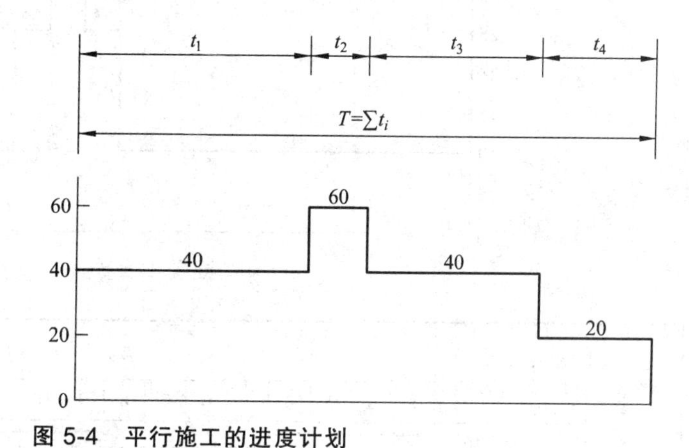

图 5-4　平行施工的进度计划

由图 5-4 可知，平行施工的工期表达式为：

$$T=\sum t_i$$

（2）平行施工的特点：

优点：各过程工作面充分利用；工期短。

缺点：施工班组成倍增加，机具设备也相应增加，材料供应集中，临时设施设备也需增加，造成组织安排和施工现场管理困难，增加施工管理费用；施工班组不存在连续或不连续施工情况，仅在一个段上施工。如果工程结束后，再无其他工程，则可能出现窝工。

平行施工方式一般适用于工期要求紧、大规模的同类型的建筑群的装修工程或分批分期进行施工的工程。

3）流水施工

（1）流水施工的基本概念及计算公式：

流水施工是指所有的施工过程均按一定的时间间隔投入施工，各个施工过程陆续开工、陆续竣工，使同一施工过程的施工班组保持连续均衡地施工，不同施工过程尽可能平行搭接施工的组织方式。案例 5.1 如果按照流水施工组织施工，则进度计划如图 5-5（a）所示。

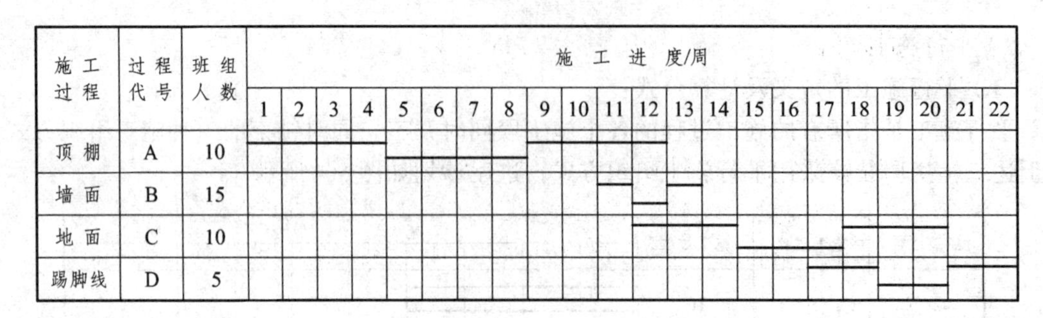

施工过程	过程代号	班组人数	施工进度/周																					
			1	2	3	4	5	6	7	8	9	10	11	12	13	14	15	16	17	18	19	20	21	22
顶棚	A	10																						
墙面	B	15																						
地面	C	10																						
踢脚线	D	5																						

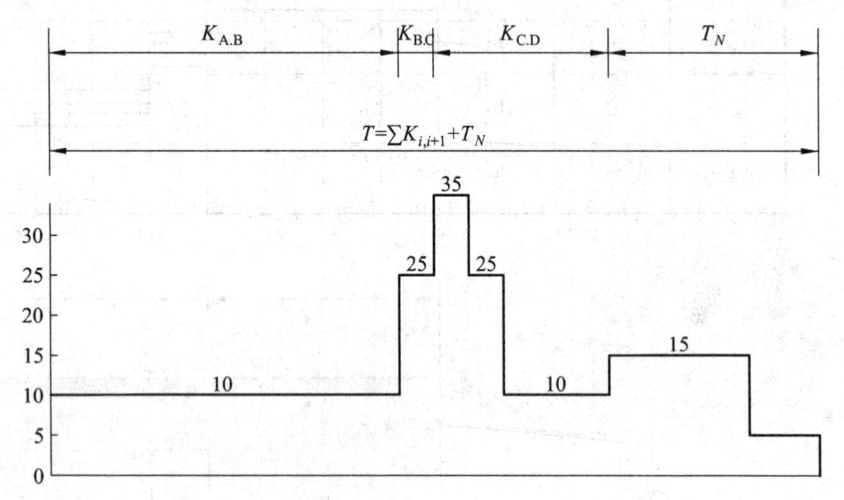

（a）流水施工全部连续

施工过程	过程代号	班组人数	施工进度/周																	
			1	2	3	4	5	6	7	8	9	10	11	12	13	14	15	16	17	18
顶棚	A	10																		
墙面	B	15																		
地面	C	10																		
踢脚线	D	5																		

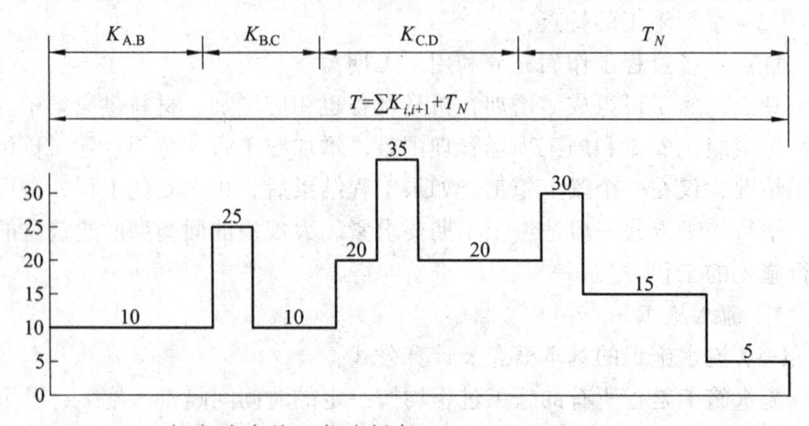

（b）流水施工部分间断

图 5-5　流水施工的进度计划

从图 5-5（a）可知，流水施工的工期计算公式可以表达为：

$$T=\sum K_{i,i+1}+T_N$$

式中　$K_{i,i+1}$——相邻两个施工过程的施工班组开始投入施工的时间间隔；

T_N——最后一个施工过程的施工班组完成全部施工任务所花的时间；

$\sum K_{i,i+1}$——所有相邻施工过程开始投入施工的时间间隔之和。

（2）流水施工概念的引申：

在工期要求紧张的情况下组织流水施工时,可以在主导工序连续均衡施工的前提条件下，间断安排某些次要工序的施工，从而达到缩短工期的目的。注意，如果没有使工期缩短，只是使施工班组没有连续施工，存在窝工，则不能安排该次要工序间断施工。也就是说，次要工序间断施工必须带来工期缩短的经济效益，否则，不安排间断施工。比如图 5-5（b）中：可以间断安排墙面的施工，使工期缩短；但是，踢脚线的施工，不能安排间断施工。

（3）流水施工的特点：

流水施工是综合平行施工和依次施工的优点而产生的一种目前在施工现场广泛采用的一种组织施工的方式，它具有以下几个特点：

① 流水施工中，各施工过程的施工班组都尽可能地连续均衡地施工，且各班组专业化程度较高，因此，不仅提高了工人的技术水平和熟练程度，而且有利于提高企业管理水平和经济效益。

② 流水施工能够最大限度地充分利用工作面，因此，在不增加施工人数的基础上，合理地缩短了工期。

③ 流水施工既有利于机械设备的充分利用，又有利于物资资源的均衡利用，便于施工现场的管理。

④ 流水施工工期较为合理。首先，流水施工的工期虽然比平行施工的工期长，但是，却没有成倍增加班组数；其次，流水施工的工期比同样的施工班组情况下的依次施工工期却短得多。因此，流水施工工期较为合理。

现代建筑装饰装修施工是一项非常复杂的组织管理工作，尽管理论上流水施工组织方式和实际情况存在差异，甚至很大差异，但是，它所总结的一套安排施工的原理和方法对于实际工程有一定的指导意义。

当然，用流水施工组织方式来表达工程进度计划时，也存在不足之处，比如，不能直接看出各过程的逻辑关系，不能进行目标优化等，而网络计划恰好能弥补这些不足。

（4）流水施工的分类：

流水施工的分类是组织流水施工的基础，它有多种分类方法。

① 按流水施工的组织范围分类。

根据建筑装饰装修工程研究对象及范围的大小，流水施工可以划分为细部流水、专业流水、项目流水和综合流水。

a. 细部流水（分项工程流水）。这是指组织一个施工过程的流水施工，例如安装塑钢窗户的具体组织情况。细部流水是组织流水施工中范围最小的流水施工。

b. 专业流水（分部工程流水）。专业流水的编制对象是一个分部工程，它是该分部工程中细部流水的工艺组合，是组织项目流水的基础。

c. 项目流水（单位工程流水）。项目流水是组织一个单位工程的流水施工，它以各分部工程的流水为基础，是各分部工程流水的组合。

d. 综合流水（建筑群的流水）。这是指组织多幢房屋或构筑物的大流水施工，是一个控制型流水施工的组织方式。它是在宏观上对建筑群的装饰装修施工进行宏观控制和调配的一种组织流水的方式。

② 按施工过程的分解程度分类。

根据组织施工的施工过程的分解程度，流水施工可以分为彻底分解流水和局部分解流水。

a. 彻底分解流水。这是指将工程对象的某一分部工程分解成若干个施工过程，而每一个施工过程均为单一工种完成的施工过程，即该过程已不能再分解，如刮腻子。

b. 局部分解流水。这是指将工程对象的某一分部工程根据实际情况进行划分，有的过程已彻底分解，有的过程则不彻底分解。而不彻底分解的施工过程是由混合的施工班组来完成的，如门窗施工。

③ 按流水施工的节奏特征分类。

根据流水施工的节奏（节拍）特征，流水施工可以划分为有节奏流水和无节奏流水。

（5）流水施工的组织要点：

① 划分分部分项工程。

把装饰装修工程的整个过程分解为若干个分部或分项工程（施工过程）。划分施工过程的目的是对施工对象的装饰装修过程进行分解，以便于逐一实现局部对象的施工，从而使施工对象整体得以实现。也只有这种合理的解剖才能组织专业化施工和实现有效协作。

② 划分施工段。

根据组织流水施工的需要，将同一类型的工程尽可能地划分为劳动量大致相等的若干个部分即施工段，也可称为流水段。划分施工段的主要目的是将装饰装修的单件产品变成多件产品，以便成批生产，从而形成流水作业的前提。没有“批量”就不可能也没有必要组织任何流水作业。所以，建筑装饰装修工程组织流水施工的实质就是“分工协作、成批生产”。

③ 每个施工过程组织独立的施工班组。

在一个流水分部中，每个施工过程尽可能组织独立的施工班组，其形式可以是专一班组，也可以是混合班组，这样可使每个施工班组按施工顺序依次连续、均衡地从一个施工段转移到另一个施工段进行相同的操作。

④ 主要施工过程必须连续、均衡地施工。

主要施工过程是指工程量较大、作业时间较长的施工过程。对于主要施工过程必须连续、均衡地施工，对其他次要施工过程可考虑与相邻的施工过程合并。如不能合并，为缩短工期可安排间断施工。

⑤ 不同施工过程尽可能组织平行搭接施工。

不同施工过程之间的关系，关键是工作时间上有搭接和工作空间上有搭接。在有工作面的条件下，除必要的技术和组织间歇时间外，应尽可能组织平行搭接施工。

⑥ 组织流水施工的条件。

从上述流水施工的组织要点中可以看出，一个工程要组织流水施工，必须具备的主要条件是：

a. 该装饰装修工程可以划分为若干个施工过程。

b. 该装饰装修工程可以划分为工程量大致相等的若干个施工段。

c. 每个施工过程可以组织独立的施工班组。

5.2.2 流水施工的主要参数

流水施工的主要参数包括工艺参数、空间参数和时间参数。

1. 工艺参数

工艺参数是指用以表达流水施工在施工工艺上开展顺序（表示施工过程数）及其特征的参数。通常，工艺参数包括施工过程数和流水强度两种。

1）施工过程数

施工过程数是指参与一组流水的施工过程的数目，通常用 N 表示。在组织某单位工程或分部、分项工程流水施工时，首先应将施工对象划分为若干个施工过程。

施工过程划分的数目和粗细程度一般与下列因素有关：

（1）施工进度计划的性质和作用。对于长期计划的建筑群体以及规模大、工期长的跨年度工程，编制施工进度计划时，其施工过程划分可以粗一些、综合性大一些，即编制控制型进度计划；对于中小型单位工程及工期不长的工程，则可以编制实施性进度计划，其施工过程划分可以细一些、具体一些，一般可划分至分项工程。对于月度作业性计划，有些施工过程还可以分解为工序，如刮腻子、油漆等。

（2）施工方案。对于一些类似的施工工艺，应根据施工方案的要求，可以将它们合并为一个施工过程，也可以根据施工的先后分为两个施工过程。比如门窗的制作与安装，可以作为一个施工过程。但是，如果施工方案中有说明时，可以作为两个施工过程。

（3）工程量的大小与劳动组织。施工过程的划分与施工班组及施工习惯有一定的关系。例如：安装玻璃、油漆的施工，可以将它们合并为一个施工过程即玻璃油漆施工过程，它的施工班组就作为一个混合班组；也可以将它们分为两个施工过程，即玻璃安装施工过程和油漆施工过程，这时它们的施工班组为单一工种的专业施工班组。

施工过程的划分还与工程量的大小有关。对于工程量小的施工过程，当组织流水施工有困难时，可以与其他施工过程合并。例如，地面工程，如果垫层的工程量较小，可以与混凝土面层相结合，合并为一个施工过程，这样就可以使各个施工过程的工程量大致相等，便于组织流水施工。

（4）施工过程的内容和工作范围。施工过程的划分与其工作内容和范围有关，例如，直接在施工现场与工程对象上进行的施工过程可以划入流水施工过程，而场外的施工内容（如零配件的加工）可以不划入流水施工过程。

2）流水强度

流水强度是指某施工过程在单位时间内所完成的工程量，一般以 V_i 表示。

（1）机械施工过程流水强度的计算公式

$$V_i = \sum^{X} N_i P_i$$

式中　V_i——某施工过程机械的流水强度；

N_i——某种施工机械的台数；

P_i——该种施工机械的台班生产率；

X——用于同一施工过程的主导施工机械的种数。

（2）人工施工过程流水强度

$$V = NP$$

式中　N——每一工作队工人人数（N应小于工作面上允许容纳的最多人数）；

P——每一个工人的每班产量定额。

2. 空间参数

空间参数包括施工段数和工作面。

1）施工段数

在组织流水施工时，通常把拟建工程划分为若干个劳动量大致相等的区段，这些区段就叫“施工段”，又称“流水段”，一般用“M”表示。

划分施工段的目的是组织流水施工，保证不同的施工班组能在不同的施工段上同时进行施工，从而使各施工班组按照一定的时间间隔从一个施工段转到另一个施工段进行连续施工，这样既消除等待、停歇现象，又互不干扰，同时又缩短了工期。

划分施工段的基本原则：

（1）施工段的数目及分界要合理。施工段数目如果划分过少，有时会引起劳动力、机械、材料供应的过分集中，有时会造成供应不足的现象。

（2）各施工段上所消耗的劳动量相等或大致相等（差值宜在 15%之内），以保证各施工班组施工的连续性和均衡性。

（3）划分的施工段必须为后面的施工提供足够的工作面。

（4）尽量使主导施工过程的施工班组能连续施工。

（5）当组织流水施工对象有层间关系时，应使各工作队能够连续施工。要求$M \geqslant N$。

当$M = N$时，工作队连续施工，施工段上始终有施工的班组，工作面能充分利用，无停歇现象，也不会产生工人窝工现象，是理想的流水施工。

当$M > N$时，工作队仍能连续施工，虽然有停歇的工作面，但不一定是不利的，有时还是必要的，如利用这些停歇时间做养护、备料、弹线等工作。

当$M < N$时，工作队不能连续施工，会出现窝工现象，这对一个建筑物的装饰施工组织流水施工是不适宜的。

对于$M \geqslant N$的这一要求，并不适用于所有流水施工情况，在有的情况下，当$M < N$时也可以组织流水施工。施工段的划分是否符合实际要求，主要还是看在该施工段划分的情况下，主导工序是否能够保证连续均衡地施工。如果主导工序能连续均衡地施工，则施工段的划分可行；否则，更改施工段划分情况。

2）工作面

工作面是表明施工对象上可能安置多少工人操作或布置施工机械场所的大小。对于某些施工过程，在施工一开始时就已经同时在整个长度或广度上形成了工作面，这种工作面称为完整的工作面（如铺地砖）。而有些施工过程的工作面是随着施工过程的进展逐步形成的。这种工作面叫作部分的工作面。不论是哪一种工作面，通常前一施工过程的结束就为后一个（或几个）施工过程提供了工作面。在确定一个施工过程必要的工作面时，不仅要考虑前一施工过程为这个施工过程所可能提供的工作面的大小，还要遵守安全技术和施工技术规范的规定。

3. 时间参数

时间参数包括流水节拍、流水步距和流水工期。

1）流水节拍 t

（1）概念：流水节拍是指从事某施工过程的施工班组在一个施工段上完成施工任务所需的时间。

（2）计算公式：

流水节拍的大小关系到所需投入的劳动力、机械以及材料用量的多少，决定着施工的速度和节奏，因此，确定流水节拍对于组织流水施工具有重要的意义。

通常，流水节拍的确定方法有两种：一种是根据工期的要求来确定；另一种是根据投入的劳动力、机械台数和材料供应量（即能够投入的各种资源）来确定，但应注意从事各工作的施工班组人员在施工时应满足最小工作面的要求。流水节拍的计算公式为：

$$t_i = \frac{Q_i}{S_i \cdot R_i \cdot Z_i} = \frac{P_i}{R_i \cdot Z_i} \quad 或 \quad t_i = \frac{Q_i H_i}{R_i \cdot Z_i} = \frac{P_i}{R_i \cdot Z_i}$$

式中　t_i——某施工过程的流水节拍；

Q_i——某施工过程在某施工段上的工程量；

P_i——某施工过程在某施工段上的劳动量；

S_i——某施工过程每一工日或台班的产量定额；

R_i——某施工过程的施工班组人数；

Z_i——某施工过程每天的工作班制；

H_i——某施工过程的时间定额。

在根据工期要求来确定流水节拍时，可以用上式算出所需要的人数或机械台班数。在这种情况下，必须检查劳动力和机械供应的可能性、材料物资能否相适应以及工作面是否足够等。

（3）确定流水节拍应考虑的因素：

① 施工班组人数要适宜，既要满足最小劳动组合人数要求，又要满足最小工作面的要求。

所谓最小劳动组合，就是指某一施工过程进行正常施工所必需的最低限度的班组人数及其合理组合。如模板安装就要按技工和普工的最少人数及合理比例组成施工班组，人数过少或比例不当都将引起劳动生产率的下降。

最小工作面是指施工班组为保证安全生产和有效地操作所必需的工作面，它决定了最大限度可安排多少工人。不能为了缩短工期而无限地增加人数，否则将造成工作面的不足而产生窝工。

② 工作班制要恰当。工作班制的确定要考虑工期要求。当工期不紧迫，工艺上又无连续施工要求时，可采用一班制；当组织流水施工时，为了给第二天连续施工创造条件，某些施工过程可考虑在夜班进行，即采用两班制；当工期较紧或工艺上要求连续施工，或为了提高施工机械的使用率时，某些项目可考虑三班制施工。

③ 机械的台班效率或机械台班产量大小。

④ 节拍值一般取整数，必要时可保留 0.5 天（台班）的小数值。

2）流水步距（ $K_{i,i+1}$ ）

两个相邻的施工班组先后开始投入施工的时间间隔称为流水步距。例如，木工工作队第一天进入第一个施工段工作，工作 5 天做完（流水节拍 $t=5$ 天），第六天油漆工作队开始进入第一个施工段工作，木工工作队与油漆工作队先后进入第一个施工段的时间间隔为 5 天，那么它们的流水步距 $K=5$ 天。

流水步距的大小反映流水作业的紧凑程度，对工期起着很大的影响。在流水段不变的条件下，流水步距越大，工期越长；流水步距越小，则工期越短。流水步距的数目取决于参加流水施工的施工过程数（若组织成倍节拍流水时，取决于施工班组数）。如果施工过程数为 N，则流水步距的总数为（$N-1$）个。

（1）技术与组织间歇时间是指在组织流水施工时，有些施工过程完成后，后续施工过程不能立即投入施工，必须有一定的间歇时间。由施工工艺及材料性质决定的间歇时间称为技术间歇时间，由施工组织原因造成的间歇时间称为组织间歇时间，通常用 t_j 表示。

（2）平行搭接时间是指在组织流水施工时，有时为了缩短工期，在工作面允许的情况下，如果前一个施工班组完成部分施工任务后，使后一个施工过程的施工班组提前进入该施工段，两个相邻施工过程的施工班组同时在一个施工段上施工的时间通常用 t_d 表示。

（3）该公式适用于所有的有节奏流水施工并且流水施工均为一般流水施工，但不适用于概念引申后的流水施工，即存在次要工序间断流水的情况。

3）流水工期 T

流水施工工期是指参与流水施工的第一个施工过程在第一个施工段开始工作到最后一个施工过程在最后一个施工段的工作结束位置的持续时间。

$$T=\sum K_{i,i+1}+T_N$$

式中 $\sum K_{i,i+1}$ ——流水施工中，相邻施工过程之间的流水步距之和；

T_N ——流水施工中，最后一个施工过程在所有施工段上完成施工任务所花的时间。

5.2.3 流水施工的组织方式

流水施工必须有一定的节拍才能步调和谐，配合得当。流水施工的节奏特征也就是节拍特征。由于建筑装饰装修工程的多样性和各分部工程工程量的差异性，要想使所有的流水施工都形成统一的流水节拍是很困难的，因此，在大多数情况下，各施工过程的流水节拍不一定相等，有的甚至同一施工过程在不同的施工段上流水节拍也不相同，这样就形成了不同节奏特征的流水施工。

流水施工根据节奏特征可以分为有节奏流水和无节奏流水两类。而有节奏流水又分为等节奏流水和异节奏流水。

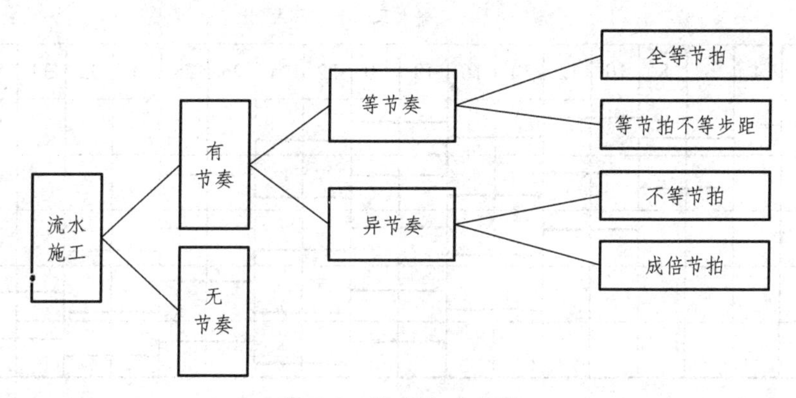

图 5-6　流水施工分类

1. 有节奏流水

有节奏流水是指同一施工过程在各施工段上的流水节拍都相等的一种流水施工方式。有节奏流水又根据不同施工过程之间的流水节拍是否相等，分为等节奏流水和异节奏流水两大类型。

1）等节奏流水

等节奏流水也叫全等节拍流水，是指同一施工过程在各施工段上的流水节拍都相等，并且不同施工过程之间的流水节拍也相等的一种流水施工方式。

等节奏流水根据相邻施工过程之间是否存在间歇时间或搭接时间（也可以表述为相邻临工过程之间的流水步距是否相等）可分为等节拍等步距流水和等节拍不等步距流水两种。

（1）等节拍等步距流水（图 5-7）：

同一施工过程流水节拍都相等，不同施工过程流水节拍也都相等，并且各过程之间不存在间歇时间（t_j）或搭接时间（t_d）的流水施工方式，即 $t_j = t_d = 0$。

该流水施工方式的特点为：

① 节拍特征：t = 常数

② 步距特征：$K_{i,i+1}$ = 节拍（t）= 常数

③ 工期计算公式：

因为

$$T = \sum K_{i,i+1} + T_N$$

$$\sum K_{i,i+1} = (N-1)t \quad 且 \quad T_N = Mt$$

所以

$$T = (N-1)t + Mt = (N+M-1)t$$

式中 $\sum K_{i,i+1}$ ——所有相邻施工过程之间的流水步距之和；

T_N——从事最后一个施工过程的施工班组完成所有施工任务所花的时间；

M——施工段数；

N——施工过程数。

施工过程	施工进度/天																			
	2	4	6	8	10	12	14	16	18	20	22	24	26	28	30	32	34	36	38	40
A																				
B																				
C																				
D																				
E																				

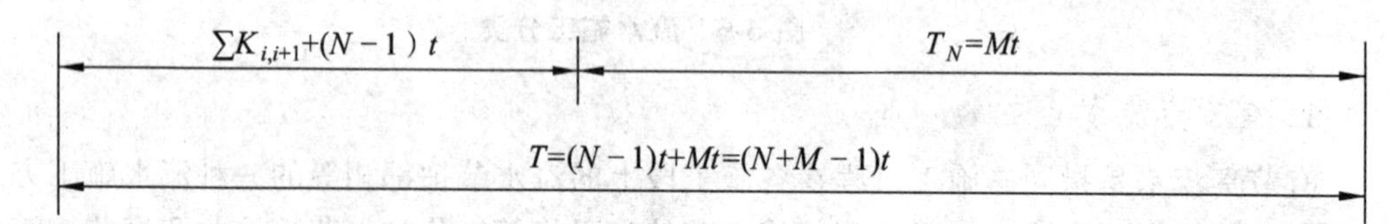

图 5-7　等节拍等步距流水

（2）等节拍不等步距流水（图 5-8）：

所有施工过程的流水节拍都相等，但是各过程之间的间歇时间（t_j）或搭接时间（t_d）不等于零的流水施工方式。

该流水施工方式的特点为：

① 节拍特征：$t=$ 常数

② 步距特征：$K_{i,i+1}=t+t_j-t_d$

工期计算公式：

因为

$$T=\sum K_{i,i+1}+T_N$$

$$\sum K_{i,i+1}=(N-1)t+\sum t_j-\sum t_d\text{，}\ T_N=Mt$$

所以

$$\begin{aligned}T&=(N-1)t+\sum t_j-\sum t_d+Mt\\&=(N+M-1)t+\sum t_j-\sum t_d\end{aligned}$$

式中 $\sum t_j$ ——所有相邻施工过程之间的间歇时间累计之和；

$\sum t_d$ ——所有相邻过程之间搭接时间之和。

施工项目	进度计划/天																						
	1	2	3	4	5	6	7	8	9	10	11	12	13	14	15	16	17	18	19	20	21	22	23
A																							
B		t_d																					
C																							
D								t_j															

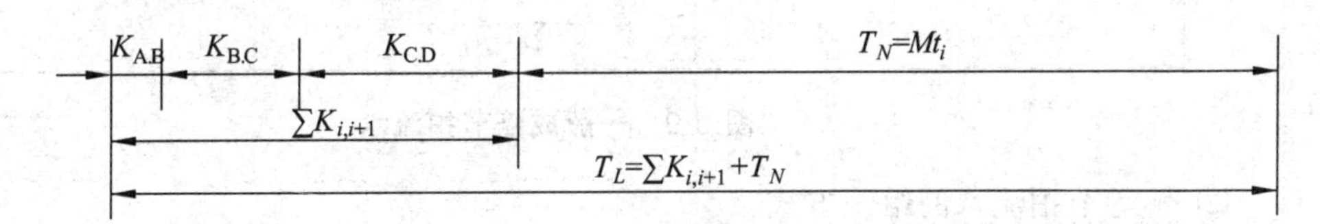

图 5-8 等节拍不等步距流水

总体来说，等节奏流水施工比较适用于分部工程流水，不适用于单位工程，特别是不适用于大型的建筑群。

等节奏流水施工虽然是一种比较理想的流水施工方式，它能保证各专业班组的工作连续，工作面能充分利用，实现均衡施工，但由于它要求所划分的各分部、分项工程都采用相同的流水节拍，这对一个单位工程或建筑群来说，往往十分困难，不容易达到。因此，实际应用范围并不是很广泛。

2）异节奏流水

异节奏流水是指同一施工过程在各施工段上的流水节拍都相等，不同施工过程之间的流水节拍不一定相等的一种流水施工方式。这种施工方式根据各施工过程的流水节拍是否为整数倍（或公约数）关系可以分为不等节拍流水和成倍节拍流水两种。

（1）不等节拍流水：

不等节拍流水是指同一施工过程在各个施工段的流水节拍相等，不同施工过程之间的流水节拍既不相等也不成倍的流水施工方式。

① 一般成倍节拍流水施工方式的特点：

a. 节拍特征：同一施工过程流水节拍相等，不同施工过程流水节拍不一定相等。

b. 步距特征：各相邻施工过程的流水步距确定方法为基本步距计算公式。

$$K_{i,i+1} = t + (t_j - t_d) \qquad (t_i \leqslant t_{i+1})$$

$$K_{i,i+1} = Mt_i - (M-1)t_{i+1} + (t_j - t_d) \qquad (t_i > t_{i+1})$$

c. 工期特征：一般成倍节拍工期计算公式为一般流水工期计算表达式（如图 5-9）。

$$T = \sum K_{i,i+1} + T_N$$

$$T=\sum K_{i,i+1}+T_N$$

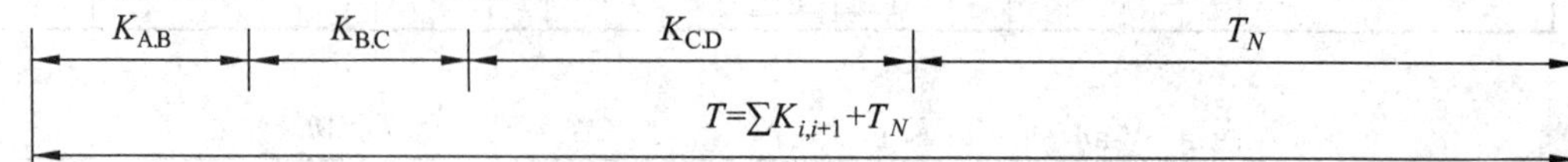

图 5-9　一般成倍节拍流水

② 不等节拍流水的组织方式：

a. 根据工程对象和施工要求，将工程划分为若干个施工过程。

b. 根据各施工过程预算出的工程量，计算每个过程的劳动量，然后根据各过程施工班组人数确定各自的流水节拍。

c. 组织同一施工班组连续均衡地施工，相邻施工过程尽可能平行搭接施工。

d. 在工期要求紧张的情况下，为了缩短工期，可以间断某些次要工序的施工，但主导工序必须连续均衡地施工，且决不允许发生工艺顺序颠倒的现象。

③ 一般成倍节拍流水的适用范围：

一般成倍节拍流水施工方式的适用范围较为广泛，适用于各种分部和单位工程流水。

（2）成倍节拍流水：

成倍节拍流水是指同一施工过程在各施工段上的流水节拍都相等，不同施工过程之间的流水节拍不完全相等，但各施工过程的流水节拍均为最小流水节拍的整数倍（或节拍之间存在公约数）关系的流水施工方式。

① 加快成倍节拍流水施工的特点：

a. 节拍特征：各节拍为最小流水节拍的整数倍或节拍值之间存在公约数关系。

b. 加快成倍节拍流水的最显著特点：各过程的施工班组数不一定是一个班组，而是根据该过程流水节拍为各流水节拍值之间的最大公约数的整数倍相应调整班组数。即：

$$b_i=\frac{t_i}{\text{最大公约数}}=\frac{t_i}{t_{\min}}$$

式中　b_i——各施工所需的班组数；

t_i——各过程的流水节拍；

$t_{\min}$——最小流水节拍。

c. 流水步距特征：$K_{i,i+1}$ = 最大公约数 +（t_j-t_d）

注意：第一，各施工过程的各个施工段如果要求有间歇时间或搭接时间，流水步距应相应减去或加上；第二，流水步距是指任意两个相邻施工班组开始投入施工的时间间隔，这里的“相邻施工班组”并不一定是指从事不同施工过程的施工班组，因此，流水步距的数目并不是根据施工过程数来确定，而是根据班组数之和来确定。假设班组数之和用N'表示，则流水步距数目为（$N'-1$）个，如图 5-10 所示。

d. 工期计算公式：

若不考虑过程之间的搭接时间和间歇时间，则成倍节拍流水实质上是一种不等节拍等步距的流水，它的工期计算公式与等节拍流水工期表达式相近，可以表示为：

$$T=(N'+M-1)t_{\min}+\sum t_{\mathrm{j}}+\sum t_{\mathrm{d}}$$

式中　N'——施工班组之和，且 $N'=\sum_{I=1}^{n} b_i$。

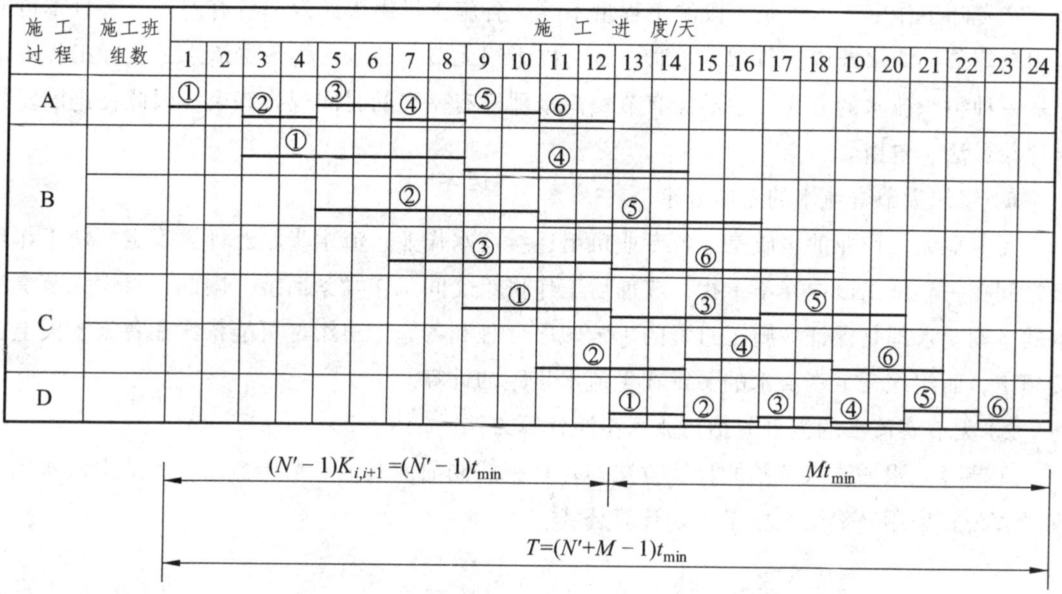

施工过程	施工班组数	施工进度/天																							
		1	2	3	4	5	6	7	8	9	10	11	12	13	14	15	16	17	18	19	20	21	22	23	24
A		①		②		③		④		⑤		⑥													
B					①							④													
								②						⑤											
										③						⑥									
C											①					③			⑤						
													②				④				⑥				
D														①		②		③		④		⑤		⑥	

$(N'-1)K_{i,i+1}=(N'-1)t_{\min}$　　$Mt_{\min}$

$T=(N'+M-1)t_{\min}$

图 5-10　加快成倍节拍流水

② 成倍节拍流水的组织方式：

a. 根据工程对象和施工要求，将工程划分为若干个施工过程。

b. 根据预算出的工程量，计算每个过程的劳动量，再根据最小劳动量的施工过程班组人数确定最小流水节拍。

c. 确定其他各过程的流水节拍通过调整班组人数，使各过程的流水节拍均为最小流水节拍的整数倍。

d. 为了充分利用工作面，加快施工进度，各过程应根据其节拍为最小节拍的整数倍关系相应调整施工班组数，每个施工过程所需的班组数可按下式计算：

$$b_i=\frac{t_i}{t_{\min}}$$

式中　b_i——各施工所需的班组数；

t_i——各过程的流水节拍；

$t_{\min}$——最小流水节拍。

e. 检查按此流水施工方式确定的流水施工是否符合该工程工期以及资源等的要求。如果符合，则按此计划实施；如果不符合，则通过调整使计划符合要求。

成倍节拍流水施工方式在管道、线性工程中使用较多，在建筑装饰工程中，也可根据实际情况选用此方式。同样一个工程，如果组织成倍节拍流水，则工作面充分利用，工期较短；如果组织一般流水，则工作面没有充分利用，工期长。因此，在实际工程中，视具体情况分别选用。

2. 无节奏流水

无节奏流水是指同一施工过程在各施工段上的流水节拍不完全相等的一种流水施工方式。

在实际工作中，当各施工段的工程量不等，各施工班组生产效率各有差异，并且不可能组织全等节拍流水或成倍节拍流水时，就可以组织无节奏流水。无节奏流水是实际工程中常见的一种组织流水的方式，它不像有节奏流水那样有一定的时间规律约束，因此在进度安排上比较灵活、自由。

1）组织无节奏流水的基本要求

无节奏流水作业的实质是：各专业班组连续流水作业，流水步距经计算确定，使工作班组之间在一个施工段内互不干扰，或前后工作班组之间工作紧紧衔接。因此，组织无节奏流水的基本要求即是保证各施工过程的工艺顺序合理和各施工班组尽可能依次在各施工段上连续施工，而组织无节奏流水的关键在于流水步距的计算。

2）无节奏流水的流水节拍与流水步距计算方法

无节奏流水的流水节拍的计算方法与计算公式同前面其他有节奏流水，无节奏流水的工期计算公式采用一般流水施工工期计算公式：

$$T=\sum K_{i,i+1}+T_N$$

对于无节奏流水的流水步距的计算方法，没有任何规律，无严格的计算公式，但是，经过多年实际经验的积累，总结出了一种计算无节奏流水施工的步距计算法，即“逐段累加，错位相减，差值取大”。

无节奏流水施工适用于各种不同性质、不同用途、不同规模的建筑装饰装修工程的单位工程流水或分部工程流水，是实际流水施工中应用较为广泛的一种方式。上述流水施工方式中到底应该采用哪一种，除了分析流水节拍的特点外，还要考虑工期要求和各项资源的供应情况。

5.2.4 流水施工的应用

在建筑装饰装修工程中，流水施工是一种行之有效的科学组织施工的方法。编制施工进度计划时，应根据工程实际情况分别选择适当的流水施工方式组织施工，以保证施工有较为鲜明的节奏性、均衡性和连续性。

1. 选择流水施工方式的基本要求

在上节中已经详细阐述了有节奏流水和无节奏流水两大类流水施工的基本方式。如何正确选用上述流水施工方式，须根据工程实际情况而定。通常的做法是将单位工程流水首先分解为分部工程流水，然后根据分部工程各施工过程的劳动量大小、班组人数来选择流水施工方式。若分部工程的施工过程数目不多（3～5 个），可以通过调整班组人数使各施工过程流水节拍相等，组织等节奏流水；若分部工程的施工过程数目较多，各过程流水节拍很难相等，此时可考虑流水节拍的规律，从而组织成倍节拍或不等节拍或无节奏流水。具体来说，选择流水施工方式的基本要求有以下几点：

（1）凡有条件组织等节奏流水施工时，一定要组织等节奏流水施工，以取得良好的经济效果。

（2）如果组织等节奏流水条件不足，应该考虑组织成倍节拍流水施工，以求取得与等节奏流水相同的效果。应注意的是，应相应增加施工班组数和施工段数，使各专业施工班组都有工作面。小工程不可以组织成倍节拍流水施工。

（3）各个分部工程都可以组织等节奏或成倍节拍流水施工。但是，对于单位工程或建设项目，就必须组织无节奏流水。

（4）标准化或类型相同的住宅小区，可以组织等节奏流水和异节奏流水，但对于工业群体工程只能组织分别流水。

2. 流水施工的具体应用

某建筑装饰工程地面抹灰可以分为 3 个施工段，3 个施工过程分别为基层、中层、面层三个施工过程。有关数据如表 5-2 所示。试编制施工进度计划。要求：

（1）填写表 5-2 中的内容。

表 5-2　某建筑装饰工程相关数据

过程名称	M_i	$Q^2_{总}$ /m	Q^2_{m} /m	H_i 或 S_i	P_i	R_i	t_i
①	②	③	④	⑤	⑥	⑦	⑧
基层		108		0.98 m^2/工日		9 人	
中层		1 050		0.084 9 工日/m^2		5 人	
面层		1 050		0.062 7 工日/m^2		11 人	
基层	3	108	36	0.98 m^2/工日	36.73	9 人	4
中层	3	1 050	350	0.084 9 工日/m^2	29.72	5 人	6
面层	3	1 050	50	0.062 7 工日/m^2	21.95	11 人	2

（2）按不等节拍组织流水施工，绘制进度计划及劳动力动态曲线。

（3）按成倍节拍组织流水施工，绘制进度计划及劳动力动态曲线。

【解】(1) 填写表中内容，填写结果见表 5-2 中。

对于②列，各过程划分的施工段数，根据已知条件，划分为 3 个施工段。

对于④列，求一个施工段上的工程量，$Q_i = Q_{总}/M_i$

基层一个段上的工程量为 108/3 = 36（m^2）

中层一个段上的工程量为 1 050/3 = 350（m^2）

面层一个段上的工程量为 1 050/3 = 350（m^2）

（2）按不等节拍组织流水施工。

第一步：求各过程之间的流水步距。

因为 $t_{基} = 4$ 天 $< t_{中} = 6$ 天

所以 $K_{基,中} = t_{基} = 4$ 天

又因为 $t_{中} = 6$ 天 $> t_{面} = 2$ 天

所以 $K_{中,面} = Mt_{中} - (M-1)t_{面} = 3\times6-(3-1)\times2 = 18-4 = 14$（天）

第二步：求计算工期。

因为 $T = \sum K_{i,i+1} + T_n$

所以 $T = 4 + 14 + 3\times2 = 24$（天）

第三步：绘制进度计划表，如图 5-11 所示。

施工过程	施工进度/天																							
	1	2	3	4	5	6	7	8	9	10	11	12	13	14	15	16	17	18	19	20	21	22	23	24
基层																								
中层																								
面层																								

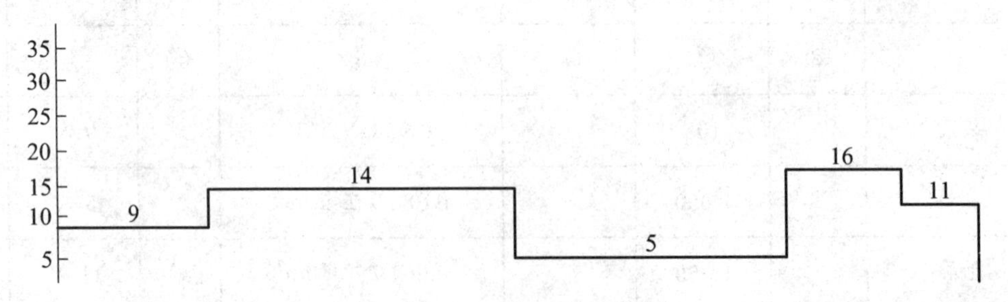

图 5-11 绘制不等节拍流水施工进度计划表

（3）按成倍节拍组织流水施工。

第一步：确定流水节拍之间的最大公约数及过程班组数。

因为最大公约数 = $t_{min} = 2$（天）

则根据

$$b_i = \frac{t_i}{最大公约数} = \frac{t_i}{t_{min}}$$

施工班组总数为：

$$N' = \sum b_i = b_{基层} + b_{中层} + b_{面层} = 2 + 3 + 1 = 6（个）$$

第二步：确定总的计算工期。

$$T = (N' + M - 1)t_{\min} = (6 + 3 - 1) \times 2 = 16（天）$$

第三步：绘制成倍节拍流水施工进度计划表，如图 5-12 所示。

施工过程	班组数	施工进度/天															
		1	2	3	4	5	6	7	8	9	10	11	12	13	14	15	16
基层			①				③										
					②												
中层								①									
										②							
												③					
面层												①		②		③	

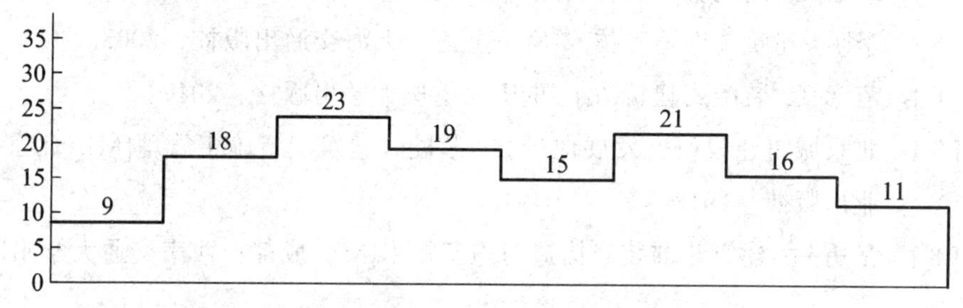

图 5-12　绘制成倍节拍流水施工进度计划表

拓展实训

（1）掌握流水施工的基本原理。

（2）实地学习施工组织流程。

（3）对施工中存在的不足与优势提出个人意见。

参考文献

[1] 中华人民共和国住房与城乡建设部. 中华人民共和国国家标准. GB/T 51129—2017 装配式建筑评价标准[S]. 北京：中国建筑工业出版社，2018.

[2] 中华人民共和国住房与城乡建设部. 中华人民共和国行业标准. JGJ/T 398—2017 装配式住宅建筑设计标准[S]. 北京：中国建筑工业出版社，2018.

[3] 中华人民共和国住房与城乡建设部. 中华人民共和国行业标准. JGJ/T 398—2017 装配式住宅建筑设计标准[S]. 北京：中国建筑工业出版社，2006.

[4] 刘超英. 建筑装饰装修构造与施工[M]. 北京：机械工业出版社，2013.

[5] 李明. 建筑装饰施工技术[M]. 上海：上海交通出版社，2008.

[6] 范幸义. 装配式建筑[M]. 重庆：重庆大学出版社，2017.

[7] 北京城市建设研究发展促进会. 装配式建筑建造施工管理[M]. 北京：中国建筑工业出版社，2018.

[8] 张勇一. 建筑装饰装修构造与施工技术[M]. 成都：西南交通大学出版社，2017.